W0030810

Zu diesem Buch

Fernsehsendungen, in den letzten Jahren vor allem die Sendereihe «Querschnitt», machten Hoimar v. Ditfurth als Vermittler moderner Naturwissenschaft populär. Dieser Band zeigt erneut seine Begabung, unterhaltsam zum Nachdenken anzuregen. Die aphoristischen Essays zu einer Vielfalt naturwissenschaftlicher Themen bieten keine fertigen Antworten: Sie werfen Probleme auf und geben Denkanstöße, naturwissenschaftliche Tatbestände in einen übergreifenden Zusammenhang einzuordnen. Vertraute Erkenntnisse und Meinungen, oft längst zu Selbstverständlichkeiten geworden, gewinnen hier eine neue Dimension. Ausgehend von konkreten Anlässen werden Überlegungen formuliert, die als Elemente eines modernen Weltbildes aus naturwissenschaftlicher Sicht gelten können.

Hoimar v. Ditfurth, geboren 1921 in Berlin, ist Professor für Psychiatrie und Neurologie. Seit mehreren Jahren arbeitet er als Wissenschaftsjournalist. Buchveröffentlichungen: «Kinder des Weltalls» (1970), «Im Anfang war der Wasserstoff» (1972), «Der Geist fiel nicht vom Himmel» (1976).

Hoimar v. Ditfurth

Zusammenhänge

Gedanken zu einem naturwissenschaftlichen Weltbild

Rowohlt

Umschlagentwurf Werner Rebhuhn

Veröffentlicht im Rowohlt Taschenbuch Verlag GmbH,
Reinbek bei Hamburg, Februar 1977

Satz Garamond (Linotron 505 C)
Gesamtherstellung Clausen & Bosse, Leck/Schleswig
Printed in Germany
380-ISBN 3 499 17053 1

Inhalt

Noch ist alles offen

Die Geschichte der Erforschung der Natur ist eine Geschichte der Überwindung menschlicher Überheblichkeit. Nur unter heftigem Widerstreben hat sich der Mensch sein anthropozentrisch orientiertes Weltbild Stück für Stück aus der Hand winden lassen, immer nur dann, wenn es anders nicht mehr ging, und immer nur gerade so weit, wie es die jeweils neu aufgetauchten Beweismittel der empirischen Forschung unbedingt verlangten.

Dieser Prozeß ist auch heute noch keineswegs abgeschlossen. Daß man Darwin nicht unter Anklage gestellt hat, war nicht etwa ein Zeichen zunehmender Einsicht, sondern nur die Folge davon, daß man Delikte dieser Kategorie im vorigen Jahrhundert ganz allgemein nicht mehr strafrechtlich verfolgte, wie es im Zeitalter Galileis und Giordano Brunos noch üblich war.

Auch in unserer aufgeklärten Zeit gibt es nicht nur Schallmauern und Hitzeschranken, sondern immer noch auch psychologische Barrieren: Die Tatsache, daß wir tierischer Abstammung sind, wird von der Mehrzahl auch der heutigen Zeitgenossen nur mit Unbehagen akzeptiert. Dabei liefern die modernen serologischen und zytogenetischen Untersuchungsmethoden Beweise für unsere verwandtschaftliche Beziehung zur Tierwelt, deren konkrete Detailliertheit die provozierenden Feststellungen der klassischen Paläoanthropologen verblassen läßt.

Die Biologie stellt innerhalb der Überfamilie der Hominoidea die Hominiden (uns Menschen) und die Pongiden (die Menschenaffen) als selbständige Familien einander gegenüber. Neuere Befunde zeigen, daß auch diese Einteilung noch immer die Spuren menschlicher Eigenliebe trägt. Vergleichende Untersuchungen der Serumproteine und der Chromosomensätze haben jetzt ergeben, daß Schimpanse und Gorilla mit dem Menschen sehr viel näher verwandt sind als mit den anderen Menschenaffen, zum Beispiel dem Orang-Utan.

So eigentümlich provozierend derartige Feststellungen wirken, so haben sie doch auch einen versöhnlichen Aspekt. Denn wenn man die biologische Entwicklungsreihe, in der wir stehen, erst einmal anerkennt, dann wird man zugleich auch eines anderen Phänomens gewahr. Es ist nämlich auch das eine anthropozentrische Selbsttäuschung, daß wir stillschweigend immer so tun, als ob die Evolution ausgerechnet bei uns zum Stillstand gekommen sei.

In Wirklichkeit ist der heutige Mensch als Glied dieser Kette nicht weniger ein Durchgangsstadium als Australopithecus oder Ramapithecus es waren. Läßt sich die Zwiespältigkeit des Menschen, die Tatsache, daß der Mensch nicht nur menschlicher, sondern – um mit Goethe zu sprechen – auch tierischer als jedes Tier sein kann, vielleicht eben dadurch verständlicher machen, daß wir ein Übergangsstadium verkörpern?

Angesichts solcher Überlegungen wird die ganze Hintergründigkeit eines Ausspruchs von Konrad Lorenz spürbar, der auf die Frage, wie das «missing link», das bisher unentdeckte Zwischenglied zwischen Tier und Mensch, eigentlich ausgesehen habe, einmal die Antwort gab: «Das missing link? Das sind wir!»

Was dem einen recht ist

Kybernetik und Biochemie sind zwei scheinbar weit voneinander getrennte Zweige der modernen Naturwissenschaft. Und trotzdem verraten sie durch eine noch viel zuwenig beachtete philosophische Konsequenz ihrer Resultate ihre Herkunft aus der gleichen Geisteshaltung: Beide Disziplinen ignorieren die einst für selbstverständlich gehaltene Grenze zwischen lebender und toter Materie. Der Biochemiker sieht sich außerstande, eindeutig eine Stelle zu markieren, an der die chemische Evolution abiotisch entstandener Makromoleküle in die ersten Anfänge einer bereits als biologisch anzusprechenden Evolution einmündet. Und der Kybernetiker kopiert psychische Prozesse mit elektronischen Maschinen.

Wir sind mit anderen Worten heute dabei, zu entdekken, daß die Grenze zwischen anorganischer, bewußtloser Materie und lebender, beseelter Substanz in Wirklichkeit einem Gradnetz angehört, das wir selbst über die Natur geworfen haben, um uns die Übersicht zu erleichtern. Biochemie und Kybernetik klären uns darüber auf, daß der Versuch, es in der Wirklichkeit wiederzufinden, genauso verfehlt ist, wie etwa der Versuch, das Gradnetz einer Wanderkarte in der Landschaft aufzuspüren. Das «tote» Wasserstoffatom bereits enthält alle «Informationen», die erforderlich waren, um unter den Bedingungen der Naturgesetze alles entstehen zu lassen, was existiert. Dies ist vielleicht die großartigste Perspektive unseres heutigen Weltbildes.

Wer sie für einseitig materialistisch hält, erliegt einem

Trugschluß, dessen Opfer wir leicht werden, weil wir in der Zeit wie in einer Einbahnstraße leben: Jeder fragt sich irgendwann einmal, wo er nach seinem Tode sein wird, aber niemand fragt danach, wo er vor seiner Geburt gewesen ist – obwohl beides dasselbe ist. Und ebenso hat nun auch die Feststellung, daß Leben und Bewußtsein in der elementaren Struktur der Materie als Möglichkeiten schon enthalten sind, selbstverständlich auch ihre Kehrseite. Wenn wir nämlich bestreiten, daß an einer bestimmten Stelle der Entwicklung, welche diese in der Materie gelegenen Möglichkeiten verwirklicht hat, irgendwelche prinzipiell neuartigen Faktoren gleichsam aus dem Nichts aufgetaucht sind, welche die Ziehung einer Grenze zwischen verschiedenen Bereichen der Natur gestatten, so müssen wir dasselbe auch für die umgekehrte Überlegung einräumen, welche die gleiche Entwicklung gewissermaßen vom anderen Ende aus betrachtet:

Es ist unbezweifelbar, daß ich ein Bewußtsein habe. Dann aber muß es, je weiter nach «unten» ich die Entwicklung rückläufig verfolge, an jedem Punkt immer auch schon Vorstufen dieses Bewußtseins gegeben haben, ja dann muß dieses Bewußtsein in unendlich verdünnter Form grundsätzlich auch schon in den Elementarteilchen der Materie angelegt gewesen sein, denn sonst würde die gesuchte Grenze aus dieser Perspektive ja mit einem Male in aller Deutlichkeit sichtbar.

Das Resultat unserer Bemühungen, den Geist aus der Materie abzuleiten, ist also die Entdeckung, daß die Materie ihrerseits geistige Qualitäten hat. Jedenfalls in dem Sinne, in dem auch ein Buch der Informationen wegen, die es als Möglichkeiten enthält, der geistigen Sphäre zuzurechnen ist. Es sei denn, man versteift sich darauf, es lediglich als eine besonders komplizierte Form der Holzverarbeitung zu definieren.

Garanten der Zukunft

Der leidenschaftliche Widerspruch, den die Entdekkung der Evolution im vorigen Jahrhundert hervorrief, und der auch heute noch immerhin so groß ist, daß mehrere amerikanische Bundesstaaten das Lehren des Darwinismus in ihren Schulen unter Strafandrohung gesetzlich untersagen, hat seinen guten Grund. Denn die Anerkennung einer Entwicklung, in der das Leben von primitiven Ausgangsformen seinen Anfang nahm, um sich im Verlaufe des uns unvorstellbaren Zeitraums von 2 bis 3 Milliarden Jahren bis zu seiner heutigen Organisationshöhe und Formenfülle zu entfalten, schließt zwingend die Anerkennung des Faktums ein, daß der Mensch nicht das Ziel dieser Entwicklung, daß er nicht, wie der Augenschein zu lehren schien, die Krone der Schöpfung sein kann.

Wer sich das gewaltige Panorama dieses naturgeschichtlichen Entwicklungsprozesses einmal vor Augen hält, dem ist unmittelbar und endgültig einsichtig, wie töricht es wäre, an die Möglichkeit auch nur zu denken, all dieser ungeheure Aufwand könnte etwa nur dem Zweck gedient haben, die Gegenwart und damit uns selbst hervorzubringen.

2 Milliarden Jahre lang hat sich die Geschichte des Lebens auf der Erde stumm und ohne Zeugen abgespielt. Dann entdeckte der Mensch – in unseren Tagen! – die Evolution. Seitdem wissen wir, daß unsere Gegenwart nur ein zufälliger Ausschnitt aus einer Entwicklung ist, die wir nicht zu übersehen vermögen und von der wir mit Sicherheit nur sagen können, daß sie weit

über uns hinausführen wird. Wir sind nicht Endpunkte oder gar Ziel, sondern nur vorübergehende Übergangsformen im Ablauf eines Geschehens, das einem Ziel zustrebt, an dem wir nicht teilhaben werden.

Oder hat etwa der Neandertaler teilgehabt an dem, was wir im Ablauf dieser Entwicklung darstellen? Oder Oreopithecus, Java-Mensch und Homo habilis? Nur insofern, als sie unter der Zwiespältigkeit gelitten haben müssen, die sie als Übergangsformen vom Tier zum Homo sapiens charakterisierte.

Der Prozeß der Geburt des Bewußtseins ist fraglos schmerzhaft gewesen. Man male sich jenes frühe Stadium werdenden Selbstbewußtseins einmal aus, in dem erstmals die Erkenntnis von der Unausweichlichkeit des eigenen Todes dämmerte, in dem man schon nicht mehr einfach nur floh, sondern auch schon Angst hatte, und in dem man gleichzeitig aber nun auch noch für Jahrhunderttausende von der Möglichkeit getrennt war, sich durch eine noch so unvollkommene Antwort zu beruhigen.

Wir sind die Nutznießer dieser dunklen Epoche. Aber glaube ja niemand, es gehe nicht gerecht zu im großen Überlebensspiel der Evolution! Denn eine ferne Zukunft wird an uns Heutigen ein nicht geringeres Maß an Zwiespältigkeit entdecken. In der Tat, auch wir leiden ja an unserer Konstitution: an der, wie man sagt, den Menschen «kennzeichnenden» Spannung zwischen autonomem Trieb und selbstkritischer Vernunft, unter dem ohnmächtigen Wissen um den irrationalen und gleichwohl tödlichen Charakter unserer Aggressivität. Es liegt nahe, zu vermuten, daß auch diese unsere Lage vielleicht nur die Folge davon ist, daß auch dem Homo sapiens eine Übergangsrolle zufällt. Wir werden, so scheint es, nur deshalb vorübergehend benötigt, damit dereinst die Zukunft stattfinden kann. Wir sind, mit anderen Worten, die Neandertaler von morgen.

Nichts währt ewig

Der nächtliche Himmel verbindet uns mit den Grenzen des Weltalls nicht bloß insofern, als wir ohne Nacht nichts von den Sternen wüßten. Die Dunkelheit der Nacht ist auch der täglich wiederkehrende, augenfällige Beweis dafür, daß diese unsere Welt endlich ist wie wir selbst.

Wilhelm Olbers ist es gewesen, ein Bremer Arzt und Liebhaber-Astronom, der zu Anfang des vorigen Jahrhunderts den Zusammenhang durchschaute und damit den Grundstein legte für die moderne Kosmologie. Olbers war von genialer Vielseitigkeit: Er errang einen von Napoleon I. ausgesetzten Preis für die beste Abhandlung über die «häutige Bräune» (so nannte man damals die Diphtherie), er entwickelte eine neue Methode zur Berechnung von Kometen-Bahnen, und er entdeckte außerdem mehrere Kometen sowie die beiden Planetoiden Pallas und Vesta. Dieser einfallsreiche Mann begann nun eines Tages, sich über ein alltägliches Phänomen zu wundern: darüber, daß es nachts dunkel wird. Eigentlich, so behauptete der Bremer Arzt, dürfte das gar nicht möglich sein. Denn wenn das Universum unendlich groß sei und wenn dieses unendlich große Weltall überall gleichmäßig mit Sternen erfüllt sei, dann müßte der Himmel insgesamt so hell leuchten wie die Oberfläche der Sonne. Zwar nimmt die Helligkeit eines Sterns zusammen mit seinem Durchmesser bei wachsender Entfernung immer mehr ab. Diese Abschwächung der Helligkeit erfolgt aber nur in einfacher geometrischer Progression, während die Zahl der in der jeweils betrachteten Raumkugel enthaltenen Sterne mit zunehmender Entfernung sehr viel rascher, nämlich in der dritten Potenz anwächst.

Es muß daher, so folgerte der Bremer Arzt zwingend, eine Grenzentfernung geben, von der ab die überproportionale Zunahme der Sternzahl die Abnahme ihrer Helligkeit überzukompensieren beginnt. Da in einem unendlich großen Weltall aber selbstverständlich jede beliebige Entfernungsgrenze überschritten ist, müßte der ganze Himmel eigentlich auch nachts so hell sein wie die Sonne. Warum ist er es nicht?

Es läßt sich berechnen, daß die in der Olbersschen Überlegung auftauchende kritische Grenzentfernung ungefähr bei 10^{20} oder, anders ausgedrückt, bei 100 Quadrillionen Lichtjahren liegt. Angesichts dieser Zahl leuchtet uns heute sofort ein, warum es nachts dunkel wird: Das Universum ist viel kleiner als Olbers glaubte. Die Welt ist bei weitem zu klein, als daß die überproportionale Zunahme der Sternzahl die Abnahme der Helligkeit des Sternlichtes ausgleichen könnte. Die größte reale kosmische Entfernung liegt für uns in der Größenordnung von 10 bis (sehr großzügig gerechnet) 100 Milliarden Lichtjahren. Das aber ist nur ein Milliardstel der Olbersschen Grenzdistanz.

Natürlich glaubt auch heute niemand, daß die Welt in dieser Entfernung von uns unvermittelt «abbricht», auf irgendeine Weise «zu Ende» ist. In einer Entfernung dieser Größenordnung stoßen wir aber an die prinzipielle, für uns unübersteigbare Grenze des sogenannten «kosmologischen Horizonts», die letztlich mit dem Alter der Welt zusammenhängt.

Der «Urknall», mit dem unser Universum entstand, liegt 15 bis 20, allerhöchstens 100 Milliarden Jahre zurück. Länger können also auch die schnellsten, mit annähernd Lichtgeschwindigkeit fliegenden Materieteile bis heute nicht unterwegs gewesen sein. Die unserer Beobachtung zugängliche Welt kann folglich nicht größer sein, als es der Distanz entspricht, die das Licht in der Zeit hat zurücklegen können, die seit dem Urknall, seit dem Beginn der Expansion des Weltalls, verflossen ist. Das Paradoxon des Dr. Olbers ist daher ein unwiderlegbarer Beweis nicht nur für die räumliche, sondern auch für die zeitliche Begrenzung des Kosmos. Abend für Abend wird uns dieser Beweis buchstäblich ad oculos demonstriert:

Wenn es abends dunkel wird, so allein deshalb, weil diese Welt nicht unendlich groß ist und weil sie nicht seit unendlich langer Zeit existiert.

Zusammenhänge

Bei ihren Versuchen, Pflanzen in Atmosphären künstlicher, «nichtirdischer» Zusammensetzung aufzuziehen, machten amerikanische Raumfahrtbiologen jüngst eine bemerkenswerte Entdeckung. Ihre Schützlinge gediehen am besten nicht etwa in der gewöhnlichen Luft, die wir auf der Erde atmen, sondern in einem experimentell erzeugten Gasgemisch. Am üppigsten wucherten Tomaten, Blumen und andere Alltagsgewächse dann, wenn man das Sauerstoffangebot auf etwas weniger als die Hälfte reduzierte und gleichzeitig den CO_2-Anteil – normalerweise nur 0,03 % – kräftig erhöhte.

Dieses Resultat erscheint zunächst einmal deshalb bemerkenswert, weil es eine geläufige und ohne großes Nachdenken für selbstverständlich gehaltene Ansicht als Vorurteil entlarvt, die Ansicht nämlich, die auf der Erde herrschenden Bedingungen seien für alle hier existierenden Lebensformen optimal. Aber die Bedeutung des Befundes der amerikanischen Biologen reicht darüber noch weit hinaus. Ihr Experiment erweist sich bei näherer Betrachtung als ein Exempel für die von vielen Zeitgenossen noch immer nicht erkannte Tatsache, daß die Menschen heute erst die Erde wirklich kennenlernen, da sie sich anschicken, sie zu verlassen. Erst die Beschäftigung mit dem, was jenseits der Erde liegt, gibt uns die Möglichkeit, zu begreifen, was uns als alltäglich gewohnte Umwelt umgibt.

Pflanzen setzen bei der Photosynthese Sauerstoff frei. Ohne Pflanzenwelt wäre der Sauerstoffvorrat der Erdatmosphäre innerhalb von etwa drei Jahrhunderten verbraucht, wäre die Erde nach dieser Zeit für Mensch und Tier unbewohnbar. Die Versuche der Exobiologen erinnern uns nun daran, daß auch das Umgekehrte gilt. Bevor die Pflanzen auf der Erdoberfläche erschienen, war die Erdatmosphäre praktisch frei von Sauerstoff. Als die Pflanzen ihn zu erzeugen begannen, gab es noch niemanden, dem er hätte nützen können. Er war Abfall. Dieser Abfall reicherte sich in der Atmosphäre unseres Planeten mehr und mehr an bis zu einem Grad, der die Gefahr heraufbeschwor, daß die Pflanzen in dem von ihnen selbst erzeugten Sauerstoff würden ersticken müssen. Der Versuch der Exobiologen zeigt, wie nahe die Entwicklung dieser Gefahrengrenze tatsächlich schon gekommen war.

In dieser kritischen Situation holte die Natur zu einer gewaltigen Anstrengung aus. Sie ließ eine Gattung ganz neuer Lebewesen entstehen, deren Stoffwechsel just so beschaffen war, daß sie Sauerstoff verbrauchten. Während wir gewohnt sind, die Pflanzen einseitig als die Lieferanten des von Tieren und Menschen benötigten Sauerstoffs anzusehen, verschafft uns die Weltraumforschung hier eine Perspektive, die uns das gewohnte Bild aus einem ganz anderen Blickwinkel zeigt: Wir stehen unsererseits im Dienste pflanzlichen Lebens, das in kurzer Zeit erlöschen würde, besorgten wir und die Tiere nicht laufend das Geschäft der Beseitigung des als Abfall der Photosynthese entstehenden Sauerstoffs.

Wenn man auf diesen Aspekt der Dinge erst einmal aufmerksam geworden ist, glaubt man, noch einen anderen, seltsamen Zusammenhang zu entdecken. Die Stabilität der wechselseitigen Partnerschaft zwischen dem Reiche pflanzlichen Lebens und dem von Tier und Mensch ist ganz sicher nicht so groß, wie es die Tatsache vermuten lassen könnte, daß sie heute schon seit mindestens einer Milliarde Jahren besteht. Es gibt viele Faktoren, die ihr Gleichgewicht bedrohen. Einer von ihnen ist der Umstand, daß ein beträchtlicher Teil des Kohlenstoffs, der für den Kreislauf ebenso notwendig ist wie Sauerstoff – keine Photosynthese ohne CO_2 –, von Anfang an dadurch verlorengegangen ist, daß gewaltige Mengen pflanzlicher Substanz nicht von Tieren gefressen, sondern in der Erdkruste abgelagert und von Sedimenten zugedeckt wurden. Dieser Teil wurde dem Kreislauf folglich laufend entzogen, und zwar, so sollte man meinen, endgültig und unwiederbringlich. Das Ende schien nur noch eine Frage der Zeit.

Wieder aber geschieht etwas sehr Erstaunliches: In eben dem Augenblick – in den Proportionen geologischer Epochen –, in dem der systematische Fehler sich auszuwirken beginnt, erscheint wiederum eine neue Lebensform und entfaltet eine Aktivität, deren Auswirkungen die Dinge wie beiläufig wieder ins Lot bringen. Homo faber tritt auf und bohrt tiefe Schächte in die Erdrinde, um den dort begrabenen Kohlenstoff wieder an die Oberfläche zu befördern und durch Verbrennung dem Kreislauf von neuem zuzuführen.

Manchmal wüßte man wirklich gern, wer das Ganze eigentlich programmiert.

Das zweckentfremdete Gehirn

Das Jahr 1905 bescherte der Menschheit eine der bedeutsamsten Überraschungen in der Geschichte der Naturforschung. Unter dem Titel «Zur Elektrodynamik bewegter Körper» veröffentlichte Albert Einstein am 26. September jenes Jahres auf den Seiten 891 bis 921 des 17. Jahrgangs der «Annalen der Physik» seine spezielle Relativitätstheorie. Seit diesem Tage steht fest, daß die Antwort auf die Frage danach, «was die Welt im Innersten zusammenhält», enttäuschend anders aussieht, als der Mensch sie sich erträumt hatte: sie ist unanschaulich.

Je weiter die Wissenschaft «nach oben» in den Bereich kosmischer Distanzen und Geschwindigkeiten oder «nach unten» in das Innere des Atoms, den Bereich der Elementarteilchen, eindringt, um so konsequenter widersetzt sich die Natur unserer Neugier, indem sich ihre Eigenschaften unserem Vorstellungsvermögen entziehen. Die Enttäuschung über diese Entdeckung ist so groß, daß sich die meisten Menschen – und sogar nicht wenige Physiker – bis heute sträuben, die Möglichkeit zuzugeben, daß der Bau der Welt im Ganzen unserer Vorstellung für immer unzugänglich bleiben wird. Sind die Feststellungen Einsteins endgültig, ist unsere Anschauung unfähig, die Wirklichkeit der Welt richtig wiederzugeben?

Jeder kann das folgende aufschlußreiche Experiment selbst anstellen: Wenn man auf ein Blatt Papier zwei Linien von gleicher Länge so zeichnet, daß die eine waagerecht verläuft und die zweite auf der Mitte der ersten senkrecht steht, dann erscheint jedem Menschen die senkrechte Linie wesentlich länger als die waagerechte. Dieser sehr ausgeprägte Effekt hat mehrere Ursachen. Eine davon besteht darin, daß unsere Augen so beschaffen sind, daß sie alle Höhen überschätzen. Wenn der Mensch fliegen könnte, wenn nicht schon eine Höhe von nur wenigen Metern eine tödliche Gefahr für uns wäre, dann gäbe es diese «optische Täuschung» ganz sicher nicht, die in der natürlichen Situation den biologischen Zweck hat, uns zu warnen. Die lehrreiche Schlußfolgerung lautet: Unsere Sinnesorgane sind von der Natur nicht zu dem Zweck entwickelt worden, uns die objektive Wirklichkeit der Welt zu vermitteln, sondern dazu, unsere Chancen im Kampf ums Dasein zu verbessern. Unser Gehirn ist kein Organ zur Erkenntnis der Natur, sondern ein Organ zum Überleben.

So betrachtet ist es alles andere als erstaunlich, daß die Welt anders ist, als sie sich unserer Anschauung darbietet. Die von uns erlebte Umwelt ist, physikalisch ausgedrückt, nur ein «dreidimensionaler Ausschnitt aus einem vierdimensionalen Raum-Zeit-Kontinuum», gewissermaßen eine Reservation für Lebewesen, deren Vorstellungsvermögen über genau eine Dimension zuwenig verfügt. Wir sollten daher nicht überrascht sein, wenn sich herausstellt, daß sich der Mensch die Vorgänge im Inneren eines Atoms nie wird vorstellen können. Erstaunlich ist etwas ganz anderes: die Tatsache nämlich, daß der Mensch – als einziges irdisches Lebewesen – die Fähigkeit erworben hat, die Grenzen dieser ihm angeborenen Umwelt zu durchstoßen. Von der biologischen Bestimmung her gesehen erscheint es als ein geradezu atemberaubender Akt der Zweckentfremdung des Gehirns, daß der menschliche Verstand es überhaupt fertigbringt, auf den Krücken mathematischer Symbole zunehmender Abstraktion auch in den Bereich der objektiven Wirklichkeit der Natur einzudringen.

Kosmische Quarantäne

Hatte die Menschheit sich vor noch nicht gar so langer Zeit mit größter Selbstverständlichkeit für den denkenden Mittelpunkt des Alls gehalten, so führen Experiment und logische Deduktion in unseren Tagen die Einsicht herbei, daß sich Leben an unzähligen Stellen des Kosmos entwickelt haben muß, und zwar in einer Mannigfaltigkeit der Formen, die unser irdisches Vorstellungsvermögen weit übersteigt.

Es muß auffallen, daß diese Erkenntnis, die die Menschheit wieder einmal des Nimbus einer Sonderstellung beraubt, dennoch nicht auf Widerspruch, sondern im Gegenteil auf begeisterte Zustimmung stößt. Während die Widerlegung des geozentrischen Weltbildes ihre Urheber in Lebensgefahr brachte, sehen sich die Protagonisten der noch sehr viel radikaleren Behauptung, daß das Leben auf der Erde nur eine lokale Zufallsvariante sei, nicht selten genötigt, ihre Theorien vor einer allzu phantasievollen Ausschmückung durch eine faszinierte Öffentlichkeit in Schutz zu nehmen.

Die psychologischen Gründe dieser Zustimmung liegen auf der Hand. Nachdem sich die Erkenntnis von der unermeßlichen Weite des Kosmos erst einmal durchgesetzt hatte, mußte sie sich im Bewußtsein des Menschen als das Gefühl einer grenzenlosen Einsamkeit niederschlagen, solange nur die Erde als belebt galt. Hinter dem leidenschaftlichen Interesse, mit dem die Öffentlichkeit auch die durchsichtigste Zeitungsente vom Auftauchen einer «fliegenden Untertasse» noch dankbar zur Kenntnis nimmt, verbirgt sich die Erleichterung darüber, daß wir im Kosmos nicht allein sind.

Aber die Enttäuschung ist schon vorbereitet. Denn die Gesetze eben der Wissenschaft, die uns die beruhigende Gewißheit verschafft, daß es nicht auf uns allein ankommt im ganzen unermeßlichen Kosmos, beweisen gleichzeitig auch, daß wir unsere außerirdischen Partner, mit denen wir dieses gleiche Weltall teilen, niemals werden sehen, geschweige denn besuchen können. Die Entfernungen zwischen den im Weltall verstreuten Inseln des Bewußtseins sind so unvorstellbar groß, daß ein physischer Kontakt zwischen zwei benachbarten kosmischen Lebensformen prinzipiell und damit für alle Zukunft eine Utopie bleiben und auch für fremde Zivilisationen ausgeschlossen sein dürfte.

Das ist eine sehr seltsame Situation: Zu wissen, daß auch auf anderen Planeten Leben existieren muß, auch Bewußtsein und Intelligenz, vermuten zu können, daß auch dort nach der Entstehung und der Beschaffenheit des uns allen gemeinsamen Weltalls gefragt wird, und sich dann damit abfinden zu müssen, daß uns die empirische Bestätigung für immer vorenthalten bleiben wird.

Ganz am Rande: Ist vielleicht auch das Ende der eben erst mit so großem Optimismus anhebenden Raumfahrt schon in Sicht? Wohin wollen unsere Astronauten denn noch fliegen, wenn – spätestens in 50 Jahren – auch der Pluto erforscht ist? Wird darum, wer heute 10 Jahre alt ist, noch erleben, wie die Astronautik in Ermangelung weiterer erreichbarer Ziele einfach wieder einschläft?

Unserer Wißbegierde muß diese Situation als quälend erscheinen. Aber vielleicht ist sie eine der Voraussetzungen unserer Existenz? Denn gerade, wenn wir einmal Ernst machen mit der Überlegung, daß die Menschheit im Kosmos einen durchschnittlichen Fall darstellt, dann kann der Gedanke nicht so ganz abwegig erscheinen, daß es um die Friedfertigkeit unserer kosmischen Nachbarn ähnlich bestellt sein dürfte wie um unsere eigene.

Hunderttausendmal Mona Lisa

Wem es je gelänge, künstliche Diamanten herzustellen, die von natürlichen Edelsteinen nicht mehr zu unterscheiden wären, der hätte eine höchst widersinnige Leistung vollbracht. In wahrhaft paradoxer Weise würde er sich durch sein eigenes Tun um den Erfolg seiner Anstrengungen gebracht sehen, weil er den Wert der Kostbarkeit, die herzustellen er sich bemühte, gerade durch seinen Erfolg aufgehoben haben würde.

Droht eine ähnliche Gefahr womöglich der bildenden Kunst? Die Technik der Reproduktion hat sich seit Jahrzehnten immer weiter vervollkommnet. Kürzlich wurde berichtet, daß es gelungen sei, ein technisches Wiedergabeverfahren zu entwickeln, das sogar die Pinselmarken des Originals plastisch auf die Kopie zu übertragen gestattet. Kein Zweifel, es ist bloß noch eine Frage der Zeit, bis uns die Technik Kopierautomaten bescheren wird, die ein Original elektronisch in mikroskopisch feinen Rasterpunkten abtasten, um diese in ihrem Farbwert, ihrer Oberflächenbeschaffenheit und allen anderen sichtbaren Qualitäten so exakt zu reproduzieren, daß eine identische Reduplikation entsteht. Dann wird es auf einmal beliebig viele, von besonders beliebten Kunstwerken vielleicht Hunderttausende von Wiederholungen geben. Duplikate in jedem Sinne des Wortes, die auch der Fachmann nur noch mit Hilfe von Röntgenstrahlen oder durch andere indirekte Methoden vom Urbild unterscheiden könnte.

Vielen Menschen ist diese Vorstellung ein Greuel. Warum eigentlich? Wer dabei den wohl tatsächlich zu erwartenden Verlust des Marktwertes bisher «einmaliger» Kunstwerke im Auge hat, verwechselt die Aufgabe unserer Museen mit der des legendären Fort Knox. Für Falschgeld im Reiche der Kunst kann das vollendete Duplikat nur halten, wer sich mehr für die Kursschwankungen an der Kunstbörse als für den künstlerischen Gehalt der dort gehandelten Werke interessiert.

Aber freilich, auch der weihevolle Schauer, der den ehrfürchtigen Betrachter überfällt, wenn er das vor seinen Augen hängende Original als die noch gegenwärtige Spur der Existenz seines Schöpfers bedenkt, auch er würde sich angesichts eines in tausendfacher Auflage angefertigten Duplikats kaum mehr einstellen können. Jedoch, wäre das wirklich ein Verlust? Wie sehr die bewundernde Besinnung auf den Künstler von dem ablenken kann, was er uns hinterlassen hat, scheinen jene frühen Maler gespürt zu haben, die nicht einmal auf den Gedanken kamen, ihre Bilder überhaupt zu signieren.

So ist vielleicht der Gedanke zulässig, daß die zunächst so bedenklich erscheinende Möglichkeit, ein Kunstwerk beliebig oft «reduplizieren» zu können, in Wirklichkeit sogar etwas Positives bewirken würde, indem sie die darstellende Kunst aus ihrer jahrhundertelangen babylonischen Gefangenschaft in unseren Museen befreite.

Die strapaziösen Märsche durch überfüllte Galerien, welche die Aufnahmefähigkeit jedes Menschen überfordern, würden dann als die Notlösung erkannt werden, die sie heute noch darstellen. Nicht länger mehr Pilgerziele wären die Museen, sondern so etwas wie Eichämter: Die in ihnen – verläßlicher als je zuvor – gehüteten Originale hätten nur noch die Funktion, wie sie jener Metallstab in einem Keller in Paris erfüllt, der gewährleistet, daß unsere Metermaße stimmen. Sie würden die Rolle von Matrizen übernehmen, von «Urmetern» der Kunst, die so viele Duplikate herzustellen gestatten, daß alle Kunstwerke – endlich! – jedem zur Verfügung stehen, der sie haben will.

Kinder des Weltalls

Wir sind heute, ohne uns dessen schon recht bewußt geworden zu sein, Zeitgenossen einer entscheidenden Wandlung des menschlichen Weltverständnisses.

Die letzte vergleichbare Wende ist mit dem Namen des Kopernikus verbunden. Vor ihm glaubte sich der Mensch im Mittelpunkt eines perspektivisch auf ihn selbst hin geordneten Kosmos geborgen, dessen Stabilität durch göttliche Autorität gewährleistet war. Es ist nicht einfach der Starrsinn einer von ihren eigenen Dogmen immobilisierten Kirche gewesen, der Galilei vor das Tribunal und Giordano Bruno auf den Scheiterhaufen brachte. Wir Heutigen, die wir fast vier Jahrhunderte lang Zeit gehabt haben, uns an das nachkopernikanische Weltbild zu gewöhnen, übersehen allzu leicht die Angst, die es ausgelöst haben muß. Denn mit einem Male sah sich der Mensch aus dem Zentrum seiner Geborgenheit hinausgeworfen in den leeren Raum eines Weltalls, dessen Maße und Gesetze mit ihm nichts mehr zu tun hatten.

Wir haben uns längst mit der Rolle abgefunden, ausgesetzt zu sein in einem unermeßlich weiten und unvorstellbar leeren Kosmos, dessen majestätische Ordnung uns nichts angeht und dem unser Schicksal gleichgültig ist. Vielleicht sind wir unbewußt sogar stolz darauf, daß wir fähig sind, das Bewußtsein einer so unüberbietbaren Isolierung zu ertragen. Aber wer sollte sagen, wieviel von jenem Zynismus und Nihilismus, den die Kulturphilosophen und Soziologen dem heutigen Menschen nachsagen, auf dem Boden dieses kalten, lebensfeindlichen Weltbildes gewachsen ist.

Dabei ist das alles, so scheint es jetzt, nur ein jahrhundertelanger Alptraum gewesen. In den letzten Jahrzehnten hat die Wissenschaft immer neue Zusammenhänge entdeckt, die uns und unser Ergehen auf vielfältige und bis vor kurzem noch gänzlich ungeahnte Weise mit den zahlreichen Prozessen und Kräften verbinden, welche die Wissenschaft heute im angeblich so leeren Weltraum fortlaufend neu entdeckt.

So könnten wir ohne den Mond nicht existieren, dessen Gezeiten-Effekt die Erdumdrehung unmerklich abbremst und der durch diese Verzögerung den flüssigen Erdkern in Umdrehung hält. Dadurch nämlich entsteht allem Anschein nach das irdische Magnetfeld, die Magnetosphäre, die uns vor der harten Korpuskularstrahlung der Sonne abschirmt. Und wer hat noch vor wenigen Jahren etwas geahnt von der unsichtbaren Kugel, die eben dieser «Sonnenwind» um das ganze Sonnensystem zu legen scheint? Jenseits der Bahn des Pluto werden die von der Sonne kommenden Protonen und Elektronen nämlich von der interstellaren Materie abgebremst, wobei eine Zone elektrischer und magnetischer Turbulenzen entsteht, die uns vor der sonst tödlichen Höhenstrahlung schützt.

Und selbst die Spiralstruktur unserer Milchstraße hat sich bereits als eine der Voraussetzungen unserer Existenz entpuppt. Denn diese Spiralarme entstehen durch die von riesigen Magnetfeldern bewirkte Konzentration ionisierten Wasserstoffs. Dadurch aber bilden sie bevorzugte Keimzellen für die Entstehung neuer, junger Sterne. Das aber bedeutet eine Beschleunigung der Aufeinanderfolge verschiedener Stern-Generationen, eine Beschleunigung also des Prozesses, durch den allein aus dem Wasserstoff des Uranfangs alle Elemente haben entstehen können.

Es gibt nicht nur Spiralnebel, sondern, etwa gleich häufig, auch strukturlose sogenannte «elliptische» Nebel im Weltall. Wir haben allen Grund zu der Annahme, daß im Lichte der vielen Milliarden Sonnen, aus denen auch sie bestehen, kein Leben existiert, denn diese Systeme sind, wie ihre spektroskopische Untersuchung bestätigt, bis heute noch nicht mit der Aufgabe fertig geworden, alle die Elemente zu erzeugen, welche die Voraussetzung für das Einsetzen einer biologischen Evolution sind.

So zeigt uns die gleiche Wissenschaft, die uns vor 400 Jahren aus dem Mittelpunkt vertrieb, die Welt heute als einen Kosmos, in dessen Ordnung auch wir wieder unseren Platz finden. Gewiß nicht im Mittelpunkt, diese Illusion ist ein für alle Male vorbei. Aber vorbei ist heute auch die Idee von einer isolierten, beziehungslosen Existenz des Menschen in einem lebensfeindlichen Weltall.

Die Wurzeln unserer Existenz reichen bis an die Grenzen der Milchstraße. Dort bildete sich der Stoff, aus dem wir bestehen. Aber dieses Weltall hat uns nicht nur hervorgebracht, es hält uns durch ein enges Netzwerk noch vor kurzem gänzlich unbekannter Wechselbeziehungen auch am Leben. Wir sind seine Geschöpfe.

Trotz all dieser neuen Entdeckungen gibt es übrigens, so seltsam das klingt, noch immer Menschen, die der

Meinung sind, daß die Welt immer weniger wunderbar werde, je mehr es der Naturwissenschaft gelinge, erklärend in sie einzudringen.

Begräbnis im Weltraum

Der enorme technische Aufwand, der notwendig ist, um bemannte Weltraumflüge von längerer Dauer durchführen zu können, wird nicht allein durch die Probleme des Antriebs und der Steuerung verursacht. Ein nicht geringer Teil dieser Anstrengungen gilt nicht den physikalischen, sondern den biologischen Voraussetzungen eines bemannten Weltraumflugs: Der Versorgung des Raumschiffs mit atembarer Luft, der Sicherung einer ausreichenden Verpflegung, der Gewährleistung der Temperaturkonstanz innerhalb des engen physiologisch zulässigen Spielraums.

Unter den Aufgaben dieser Art findet sich auch die der Beseitigung der während längerer Flüge anfallenden Abfälle und Ausscheidungen, nicht weniger problematisch oder wichtig als die übrigen, wenn auch aus psychologischen Gründen weniger häufig öffentlich diskutiert. Mit der Unbefangenheit, wie sie nur einem Spezialisten gegeben ist, hat jetzt der amerikanische Biophysiker T. C. Helvey dieses Tabu durchbrochen und darauf aufmerksam gemacht, daß diese Aufgabe auch die der Beseitigung eines während des Fluges verstorbenen Raumfahrers einschließe. Und mit der Konsequenz, die den Spezialisten ebenfalls auszuzeichnen pflegt, hat er es nicht bei dieser Feststellung belassen, sondern auch praktische Vorschläge gemacht.

Der Tod eines Besatzungsmitgliedes sei für die übrige Mannschaft eines Raumschiffs ohnehin ein psychischer Schock, stellt Helvey fest, und ihre Leistungsfähigkeit würde fraglos ernstlich gefährdet werden, wenn man den Toten dann noch formlos aus dem Schiff hinausbefördere.

Die Entwicklung einer speziellen Begräbnis-Technik, die den Bedingungen des Weltraums angepaßt sei, könne diese Gefahr aber verringern. Man solle dabei die Erfahrungen anläßlich gewöhnlicher Beerdigungen heranziehen, bei denen die Verwendung nationaler Symbole und religiöser Rituale mit Erfolg dazu benutzt werde, den psychologisch ungünstigen Eindruck des Vorgangs abzumildern.

Natürlich sei prinzipiell zu bedenken, daß der Leichnam des Verstorbenen eine ganze Menge wertvoller Bestandteile enthalte, die sich durch entsprechende Verfahren leicht in eine Form bringen ließen, die es gestatten würde, diese auf einem Weltraumflug ja unersetzbaren Stoffe wiederzuverwenden. Jedoch sei das psychologische Vorurteil gegen die Vorstellung, einen ehemaligen Kameraden, gleich in welcher Form, zu sich zu nehmen, so groß, daß auf diese Möglichkeit, so zweckmäßig sie im Grunde sei, verzichtet werden müsse.

Daher sei es am besten, den Toten in einem aufblasbaren Plastikbehälter, auf dem die amerikanische Flagge aufgedruckt sei, nach einer kurzen Andacht aus dem Raumschiff zu befördern und den Behälter dann durch eine kleine Preßluftflasche aus der Sichtweite der übrigen Besatzungsmitglieder zu entfernen, wobei man versuchen solle, dem Ganzen einen Kurs zu geben, der den Toten schließlich zur Verbrennung in die Sonne stürzen lasse.

Natürlich sei damit zu rechnen, daß die Leiche die Sonne schließlich doch verfehle. Das sei aber nicht so schlimm, da ihr Flug doch so lange dauern würde, daß sie sowieso vergessen sei, bevor sie noch ihr Ziel erreicht habe. Das geschilderte Vorgehen sei zweifellos am zweckmäßigsten, weil es technisch einfach zu bewerkstelligen sei und gleichzeitig auch den speziellen psychologischen Erfordernissen entspreche.

Es ist doch immer ein schönes Gefühl, wenn man sicher sein kann, daß an alles gedacht ist!

Eine neue Dimension

Wenn das Wesen der Intelligenz mit den Begriffen Abstraktion und Analogie einigermaßen zutreffend beschrieben ist, dann können wir unsere Augen heute nicht mehr vor der Tatsache verschließen, daß diese uns als so spezifisch menschlich erscheinende Fähigkeit nicht in alle Zukunft das ausschließliche Privileg des Menschen bleiben wird. Eine soeben erschienene Veröffentlichung des amerikanischen Kybernetikers Lawrence G. Roberts vom berühmten Massachusetts Institute of Technology beschreibt einen vom Autor neu entwickelten Computer, der etwas sehr Bemerkenswertes leistet.

Der Apparat ist in der Lage, aus der zweidimensionalen Projektion eines regelmäßigen Körpers, also etwa der perspektivischen Zeichnung eines Würfels oder einer Pyramide, die regelmäßigen Körper abzuleiten, aus denen er zusammengesetzt gedacht werden kann, und ihn außerdem in jeder beliebigen anderen Projektion darzustellen. Niemand kann abstreiten, daß die Fähigkeit, eine ebene Zeichnung mit einem räumlichen Körper zu identifizieren und diesen dem Betrachter darüber hinaus noch als ein und denselben aus verschiedenen Blickwinkeln vorzustellen, nicht anders denn als Akt der Abstraktion vom anschaulich Gegebenen und der Herstellung einer Beziehung zwischen konkret ganz verschiedenen Sachverhalten beurteilt werden kann – gleich, ob sie nun von einem Menschen oder einem Automaten geleistet wird.

Ohne Zweifel, die Summe menschlicher Intelligenz,

die heute noch in Konstruktionen dieser Art hineingesteckt werden muß, übertrifft die resultierende Ausbeute an maschineller Intelligenz noch immer in hoffnungslosem Ausmaß. Aber ehe wir darüber resignieren, sollten wir an das in mancher Hinsicht analoge Stadium der Entwicklung der Atomenergie denken. Selbst Rutherford, dem als erstem die Zertrümmerung des Atomkerns gelang, spottete bis zu seinem Tode 1937 über die «Schwärmer», die ernstlich an die Möglichkeit glaubten, daß sich die nur mit einem ungeheuren Energieaufwand zu bewirkende Kernspaltung jemals als wirtschaftliche Energiequelle werde nutzbar machen lassen.

Wenn elektronische Automaten überhaupt Fähigkeiten haben können, die als «intelligent» bezeichnet werden müssen – und sei es vorerst auch in noch so bescheidenem Sinne –, dann stehen wir heute am Beginn einer Entwicklung, die früher oder später mit Notwendigkeit zur Entstehung einer selbständigen, maschinellen Intelligenz führen wird. Und dabei ist, von unserem eigenen Stolz einmal abgesehen, kein Grund ersichtlich, aus dem die Entwicklung einer solchen maschinellen Intelligenz ausgerechnet auf dem Niveau zum Stillstand kommen sollte, auf dem unsere, die menschliche Intelligenz, an ihre Grenzen stößt.

Das ist kein Grund zur Sorge, wie manche befürchten. Wir sollten den Zeitpunkt, an dem es soweit sein wird, eher mit Ungeduld erwarten. Heute schicken wir Raumsonden zu Himmelskörpern, zu denen uns der Zutritt verwehrt ist. Sie senden uns Daten und Bilder zurück, die uns jene unerreichbaren Regionen der Welt so sehen lassen, als hätten wir sie selbst besucht.

Eine ähnliche, nur noch weit folgenreichere Aufgabe werden die «überintelligenten» Computer der Zukunft für uns übernehmen: Wir werden sie in eine Dimension entsenden, die unserem geistigen Vermögen unerreichbar bleibt, und sie werden uns von dort Antworten über unsere Welt zurückbringen, die wir ohne ihre Hilfe nie erhalten könnten.

Und dabei werden sie weder eine «naturgegebene» noch eine «gottgewollte» Grenze überschreiten, sondern lediglich die Grenze unserer eigenen Phantasie.

Der exklusivste Klub der Welt

Wo immer ehemalige Kampfgefährten zusammentreffen, da kommt die Rede auf gemeinsame Erlebnisse. Eine der Pointen, um die alle bei derartigen Gelegenheiten erzählten Geschichten kreisen, ist ihre Unwahrscheinlichkeit: der geringfügige Zufall, der es so fügte, daß man entkam, die entscheidende Sekunde, in der man weiterleben konnte, weil man gerade zwei Schritte zur Seite getreten war, der Volltreffer, der einen wie durch ein Wunder unverletzt ließ, die schlichte Tatsache, daß man von einem bestimmten Kreis der einzige ist, der überlebt hat.

Ist das alles Übertreibung, ist das bloßes Bramarbasieren, ist es einfach «Angeberei»? Keineswegs. Die Häufung lebensrettender Zufälle, die Konzentration des Unwahrscheinlichen in der Biographie der Teilnehmer einer solchen Zusammenkunft ist nur natürlich. Denn die Vernichtungslotterie eines Krieges führt dazu, daß die Überlebenden ohne ihr Zutun in den Rang von Glückspilzen erhoben werden.

Dabei ergibt sich, faßt man das Einzelschicksal ins Auge, eine seltsame Spannung zwischen zwei einander widersprechenden Aspekten. Denn einerseits ist es eine statistische Trivialität, daß ein bestimmter und sogar vorhersehbarer Prozentsatz der von einer solchen Katastrophe Betroffenen überlebt. Je geringer dieser Prozentsatz mit zunehmender Wirksamkeit der Kriegsmaschinerie aber wird, um so größer wird auch die Zahl der Zufälle, die im Einzelfall dazu geführt haben, daß der Betreffende zum Kreise derer gehört, die über ihre Erlebnisse nachträglich noch berichten können. Was auf das Ganze gesehen nur eine willkürliche, statistischen Gesetzen gehorchende Auslese ist, erscheint dem Überlebenden als eine höchst unwahrscheinliche Kette ihn selbst begünstigender Zufälle und Fügungen. Nun ist diese dialektische Spannung der gesetzmäßigen Notwendigkeit im allgemeinen und der unvorhersehbaren Einmaligkeit des Einzelfalles nichts Neues. Da die Alternative hier aber der Tod ist, führt der lediglich statistischen Gesetzen folgende Prozeß in diesem Falle zu der scheinbar paradoxen Konsequenz einer Vermehrung des an sich Unwahrscheinlichen. Denn alle, für deren Biographie das nicht gilt, sind eben tot.

Die Natur ist menschlicher als der Mensch. Im Rahmen der Entfaltung der Lebensformen zu immer höherer Organisation entscheidet die innerartliche Konkurrenz in der Regel nicht über Leben und Tod des Individuums, sondern über die Zahl seiner Nachkommen. Trotzdem wird eine Analogie sichtbar: Ist es nicht auch unsere Rolle als Überlebende der Evolution, die uns die Einsicht so schwer macht, daß die Entwicklung, die in einem 3 Milliarden Jahre währenden Prozeß uns selbst hervorgebracht hat, ein Vorgang ist, der natürlichen Gesetzen folgt?

Das Leben ist generell ein sehr viel unwahrscheinlicherer Zustand als der Tod. Das ist richtig. Das ist auch der letzte Grund für die Entwicklung einer unübersehbaren Vielzahl kompliziertester Mechanismen, die den einzigen Zweck haben, einen Organismus am Leben zu erhalten. Aber dürfen wir so weit gehen, die Möglichkeit einer naturgesetzlichen Entstehung dieses Organismus deshalb zu bestreiten, *weil* er ein so unwahrscheinliches Gebilde darstellt?

Anders ausgedrückt: Ist es ein Argument, wenn gesagt wird, die biologische Entstehung einer bestimmten Art, eines speziellen Organs, einer spezifischen physiologischen Funktion könne schon deshalb nicht ausschließlich naturwissenschaftlich erklärt werden, weil dann einfach die Zahl der glücklichen Zufälle zu groß würde, die man zu ihrer Entstehung anzunehmen habe? Diese Argumentation vergißt die ungeheuer große Zahl gescheiterter Versuche der Natur, von denen keine Spur geblieben ist. Gewiß, wenn man nur die ununterbrochen erfolgreiche Kette der bis heute durchlaufenden Entwicklung betrachtet, fällt es schwer, nicht an einen übernatürlichen Faktor zu glauben, der sie zielbewußt bis zu uns gelenkt hat. Der Eindruck ändert sich, sobald man bedenkt, daß dieses Bild nur das Schicksal derer wiedergibt, die Glück gehabt haben. Alle anderen sind tot.

Allein die Tatsache, daß es uns gibt, läßt uns dem exklusivsten aller Klubs angehören: dem der Überlebenden.

Des Rätsels Lösung

Der modernen Biologie gelingt es mit den verschiedensten Methoden, in das Erleben immer neuer und uns ferner stehender Tierspezies einzudringen. Wenn wir uns dabei auch schon an wirklich staunenswerte Resultate haben gewöhnen müssen, so dürfte der neueste aus den USA zu uns gelangte Erfolgsbericht dennoch bei vielen Lesern auf eine gewisse Skepsis stoßen. Wie der amerikanische Wissenschaftsjournalist Thomas J. Fleming berichtet, soll es dort nämlich gelungen sein, psychologische und soziale Verhaltensweisen bei gewissen Virusarten festzustellen. Dieser in jedem Sinne unglaublichen Theorie liegen immerhin folgende unabweisbare Fakten zugrunde:

Bei einer großen Untersuchungsreihe, die in mehreren amerikanischen Unternehmen durchgeführt wurde, ergab sich, daß die durch «Grippe» verursachten Fehlzeiten neueingestellter Mitarbeiter während der ersten 6 Monate – der sogenannten «Probezeit» – durchschnittlich nur 2 Tage betrugen, die der «älteren» Betriebsangehörigen aber durchschnittlich 4,1 Tage. Der Schluß, daß sich die Viren also an neue Mitarbeiter in irgendeiner Weise erst «gewöhnen» müssen, bis sie den Mut aufbringen, auch diese zu befallen, liegt auf der Hand. Er wird durch weitere Beobachtungen bestärkt, die u. a. sogar dafür zu sprechen scheinen, daß Influenza-Viren selbst einer dem menschlichen Mitgefühl zumindest analogen Verhaltensweise fähig sind. Wie anders soll man es erklären, daß sie, wie die Untersuchungen eindeutig ergaben, vor allem *die* Mitarbeiter befallen, die auch während einer Arbeitsunfähigkeit Lohn oder Gehalt weiter beziehen, während sie *die* Angehörigen des gleichen Betriebes in auffälligem Maße verschonen, für die eine Krankheit finanzielle Härten mit sich bringen würde?

Aber damit noch nicht genug. Die statistische Analyse der Aktivität der Viren ergab außerdem eine negative Korrelation mit dem Rhythmus der menschlichen Arbeitswoche. Ihre höchste Aktivität entfalten Influenza-Viren bemerkenswerterweise in Zeiten vorübergehender Arbeitsruhe, also an Sonn- und Feiertagen – oder auch an Tagen bedeutender Sportveranstaltungen – wie an dem Emporschnellen der Erkrankungsziffern für die jeweils darauffolgenden Werktage eindeutig abzulesen ist. Schließlich stellte sich sogar noch ein Zusammenhang zwischen der Persönlichkeit des Chefs einer bestimmten Abteilung und der durchschnittlichen Zahl von Grippeerkrankungen unter seinen Mitarbeitern heraus. Influenza-Viren fühlen sich in der Nähe von «unbeliebten» Chefs ganz offensichtlich sehr viel wohler als in der Umgebung «beliebter» Chefs. Auch in dieser Hinsicht ergibt sich also wieder eine umgekehrte Korrelation zu den in der menschlichen Soziologie gültigen Maßstäben.

In allen diesen Fällen ist es bisher noch völlig ungeklärt, auf welche Weise das einzelne Virus in den Besitz der für sein Verhalten erforderlichen Informationen gelangt. Das Phänomen als solches ist andererseits angesichts des erdrückenden statistischen Materials nicht mehr zu bezweifeln. Einen möglichen Einwand haben die beteiligten Wissenschaftler selbst bereits ausgeräumt. Zur Erklärung ihrer Beobachtungen wäre ja als Arbeitshypothese auch an die Möglichkeit zu denken, daß die hier referierten Untersuchungsergebnisse nicht die Folge spezieller Verhaltensweisen der untersuchten Viren sind, sondern Ausdruck spezieller Verhaltensweisen der in der Untersuchung ebenfalls einbezogenen Menschen. Eine entsprechende Umfrage bei der Mehrzahl der amerikanischen Arbeitnehmerorganisationen ergab jedoch, daß diese Möglichkeit mit absoluter Sicherheit ausgeschlossen werden kann.

Sollte diese sehr bemerkenswerte Theorie durch Nachuntersuchungen bestätigt werden, so würden sich nicht nur gewisse Mißverständnisse beseitigen, sondern endlich auch wissenschaftlich fundierte Methoden entwickeln lassen, die geeignet wären, den auch hierzulande volkswirtschaftlich spürbaren Auswirkungen zu begegnen, welche durch die jetzt in den Staaten aufgedeckten Besonderheiten des Virus-Charakters hervorgerufen werden.

Aber selbstverständlich ist es nicht zulässig, diese in Amerika erhobenen Befunde ohne weiteres auf europäische Verhältnisse zu übertragen.

Naturwissenschaft und Selbstverständnis

Unter dem Einfluß eines einseitigen, im deutschen Sprachraum gern als «geisteswissenschaftlich» bezeichneten Bildungsideals sehen viele auch heute noch nur den vordergründigen Aspekt naturwissenschaftlicher Forschung. Für sie ist ein Naturwissenschaftler letzten Endes noch immer so etwas wie ein gehobener Klempner, ein Mensch, der in einem bestimmten Bereich konkreter Dinge oder Sachen ungeheuer viel weiß, und der durch die Fülle der Fakten, die er in geduldiger Arbeit zusammenträgt, schließlich in die Lage versetzt wird, verblüffende Manipulationen durchzuführen. Mit ihnen findet er beim Publikum zwar Anerkennung, jedoch ähnelt diese in der Regel jener Verblüffung, die auch durch ausgefallene Leistungen und Rekorde ganz anderer Art bewirkt werden kann. Jemand, der es in jahrelanger Arbeit mit dem Mikroskop fertigbringt, den gesamten Text der Bibel auf einer Briefmarke unterzubringen, verdient, so scheint es, keinen geringeren Applaus, als ein Mann, dem das Kunststück gelingt, die Beeinflussung der Energie eines Photons durch ein Gravitationsfeld zu messen. So bewundernswert solche Leistungen auch sind, mit der Sphäre der Kultur oder gar der des Geistes hat das in beiden Fällen, so die landläufige Meinung, nichts zu tun.

Mit diesem Mißverständnis hängt es zusammen, daß bei uns für gebildet gelten kann, wer nicht weiß, was der Unterschied zwischen einem Fixstern und einem Planeten ist, wenn er nur angeben kann, wodurch sich das Barock vom Biedermeier unterscheidet, und daß ein

Gebildeter zwar die Bedeutung kennen muß, die Sokrates, Thomas von Aquino oder Sartre für die Geschichte der Menschheit haben, daß er aber unbeschadet durchaus unwissend sein darf, wenn es sich um Newton, Darwin oder Einstein handelt. Denn Sokrates, Thomas und Sartre haben sich ja mit geistigen Zusammenhängen beschäftigt, die drei Letztgenannten dagegen nur mit konkreten, um nicht zu sagen materiellen Sachverhalten.

Daß diese Trennung in Wirklichkeit ebenso unvernünftig ist wie alle anderen von Menschen vorgenommenen Grenzziehungen, haben noch immer viel zu wenige erkannt. Naturwissenschaftliche Forschung hat nicht nur den Aspekt des Ansammelns von Fakten und des Aufdeckens von kausalen Zusammenhängen.

Es ist richtig, daß der Naturwissenschaftler die Menschen vor dem Blitz dadurch schützen kann, daß er sie zu der Anbringung von Blitzableitern über ihren Wohnungen veranlaßt. Aber wichtiger noch und weitaus folgenreicher ist der Schutz, den er dadurch verleiht, daß er den zürnenden Dämon, der mit seinem Blitz auf den Menschen zielt, auf ein Naturgesetz reduziert hat, das von uns nichts weiß.

Haeckels «biogenetisches Grundgesetz» gilt auch für psychische Reaktionen und Verhaltensweisen. Jedes Kind, das bei einem plötzlichen Geräusch erschreckt zu weinen beginnt, repräsentiert eine archaische Stufe unseres Bewußtseins, in der alles, was geschieht, auf das erlebende Subjekt gemünzt zu sein scheint: Die Freiheit der Reflexion, die Entstehung eines seiner selbst bewußten Bewußtseins aber ergab sich erst aus der Möglichkeit der Einsicht, daß die meisten Vorgänge in unserer Welt unabhängig von uns eigenen Gesetzen folgen.

Dieser Prozeß der Distanzierung, der «Versachlichung» der Umwelt, ist das letzte, das eigentliche Motiv aller Naturforschung, ihr letztes Ziel die Erkenntnis der eigenen Situationen im Rahmen des Ganzen.

Die Geschichte der großen metaphysischen Systeme ist nicht etwa aus purem Zufall gerade in unserer Epoche zu Ende gegangen. Die Fragen, die sie in Bewegung hielten, sind heute in den Bereich experimenteller Forschung gerückt. Warum wir altern und sterben müssen, wie das Leben entstanden ist, ob die Welt einen Anfang hatte und ob sie unendlich groß ist, diese und andere Fragen werden heute nicht mehr von Philosophen und Metaphysikern gestellt, sondern von Genetikern, Biologen und Astrophysikern. Die Naturwissenschaft hat über das Sammeln von Fakten und Daten längst hinausgegriffen. Sie ist die Fortsetzung der Metaphysik mit anderen Mitteln.

Vor Blumen wird gewarnt

Als der englische Archäologe Howard Carter nach jahrelanger Suche 1922 endlich am Ziel seiner Wünsche stand, nämlich vor der geöffneten Grabkammer des Pharaos Tut-Ench-Amun, da entdeckte er auf der steinernen Schwelle der vor ihm zum ersten Male seit der Bestattung wieder geöffneten Tür die Reste eines Feldblumenstraußes. Kein Papyrus meldet, wessen Hand ihn vor mehr als 3000 Jahren dort niederlegte.

Der kleine Strauß war für die Wissenschaftler nicht nur ein über die Jahrtausende hinweg anrührendes Dokument menschlicher Zuneigung, er erwies sich ihnen überdies als ein auch nach dieser gewaltigen Zeitspanne noch brauchbarer Kalender. Obwohl fast zu Staub zerfallen, ließen sich die Blumen, aus denen er bestand, noch immer botanisch bestimmen. Aus ihrer Zusammenstellung aber ergab sich die Jahreszeit, in der der Herrscher zu Grabe getragen worden war: Es muß Ende März oder Anfang April gewesen sein. Welche Gründe sind es eigentlich, die das Blühen von Blumen mit einer Präzision, die über Jahrtausende hinweg beständig ist, auf bestimmte Jahreszeiten festlegen?

Pflanzen sind als festsitzende Lebewesen zu ihrer Befruchtung auf die Mithilfe Dritter angewiesen. Ihre älteste Methode war die Ausstreuung der bestäubenden Pollen mit Hilfe des Windes, ein seiner Ziellosigkeit wegen äußerst unrationelles Verfahren. Eine entscheidende Verbesserung war es daher, als es den Pflanzen gelang, fliegende Insekten für diese Vermittlerrolle einzuspannen. Im Unterschied zum Wind fliegen diese

Tiere auf der Nahrungssuche gezielt von Blüte zu Blüte und gewährleisten als Überträger daher mit nahezu absoluter Sicherheit, daß die von ihnen verschleppten Pollen auch wieder auf einer Blüte landen.

Mit diesem Fortschritt gaben sich die Pflanzen dennoch nicht zufrieden. Noch blieb unberücksichtigt, daß das von einem Insekt verschleppte Pollenkorn nur dann zum Erfolg, nämlich zur Befruchtung führen konnte, wenn es auf eine Blüte der gleichen Art gelangte. Daher entwickelte sich jetzt eine Vielfalt der verschiedensten Blüten, unterschiedlich in Farbe, Größe und Gestalt, eine jede charakteristisch für eine bestimmte Blumenart, ein differenziertes Repertoire unterschiedlicher Erkennungssignale, auf die sich alsbald bestimmte Insektenarten zu spezialisieren begannen.

Das Ziel war nahezu erreicht. Jedoch war die Zahl einander ähnlicher Blüten und die sich daraus ergebende Verwechslungsgefahr noch immer groß. Darum gingen die Pflanzen schließlich außerdem auch noch dazu über, ihre Blüte auf möglichst verschiedene Zeiten zu verlegen. Natürlich blühen auch heute noch immer sehr viele verschiedene Blumen zur gleichen Zeit. Jedoch ist die Tendenz unverkennbar, den gesamten vom Frühling bis zum Herbst zur Verfügung stehenden Zeitraum möglichst vollständig auszunutzen, wobei jede Art sich ganz offenkundig darum bemüht hat, in dieser Zeitspanne für sich selbst eine «Lücke» zu finden, einen Termin, zu dem die Konkurrenz ähnlicher Arten möglichst gering ist. Konkurrenten gehen einander eben aus dem Wege. Da die Pflanzen das, festgewachsen wie sie sind, räumlich nicht tun können, weichen sie einander in der für ihre Vermehrung entscheidenden Phase nach Möglichkeit eben zeitlich aus.

Für uns resultiert daraus der für den Ablauf der Jahreszeiten charakteristische Wandel im Aussehen unserer Gärten, vom Flieder über die Dahlie bis zur Aster. Dieser ästhetische Szenenwechsel erfolgt aber keineswegs, um unser Auge zu erfreuen. In Wirklichkeit handelt es sich um nichts anderes als um ein raffiniertes Ausweichen in der Dimension der Zeit.

Aber ganz nebenbei werden wir zu allem anderen dann auch noch genauso erfolgreich hereingelegt wie die Insekten. Diese glauben an eine kostenlose Nahrungsquelle und ahnen nichts davon, daß sie als Pollen-Transporteure ausgenützt werden. Wir aber lassen uns verleiten, den Pflanzen mit den auffälligsten und kunstvollsten Blüten unter beträchtlichem Aufwand eigene, speziell für sie reservierte Lebensräume einzurichten, sogenannte «Gärten», in denen wir sie im Schweiße unseres Angesichts pflegen und gegen alle Konkurrenten verteidigen.

Das alles sind, wenn man die Hirnlosigkeit dieser Geschöpfe bedenkt, doch eigentlich recht beachtliche Leistungen.

Gegner gesucht

In der Nähe von Würzburg steht ein fast 100 Jahre alter Grabstein. Seiner Inschrift ist zu entnehmen, daß hier ein Hannoveraner begraben liegt, der für Preußen in den Krieg ziehen mußte und dabei im Kampf gegen bayerische Soldaten fiel. Das ist noch nicht ganz 100 Jahre her. Und schon heute wäre ein solches Ereignis völlig undenkbar. Es folgten drei Kriege gegen den «Erbfeind» Frankreich. Das Ende des letzten liegt noch nicht einmal 30 Jahre zurück. Aber auch in diesem Falle erscheint uns eine Wiederholung bereits heute als unvorstellbar.

Die beiden Daten markieren den jüngsten Abschnitt einer Entwicklung, deren Beginn bis in die Urgeschichte der menschlichen Gesellschaft zurückreicht. In ihrem Verlauf ist der Bereich, innerhalb dessen der Mensch noch fähig ist, sich mit anderen Menschen als zur gleichen Gruppe gehörig zu erleben, immer größer geworden – von der Urhorde über den Stadtstaat und die Nationalstaaten bis zu den heutigen Machtblöcken kontinentalen Ausmaßes. Die Grenzen, hinter denen das Fremde beginnt, haben psychologisch und schließlich auch geographisch immer größere Räume umfaßt. Da aber fremd und feindlich nicht nur sprachlich synonyme Begriffe sind, war das gleichbedeutend mit der Befriedung immer größerer Gebiete der Erde.

Man könnte sich durch diese Entwicklung optimistisch stimmen lassen, wenn sie sich nicht gerade in unseren Tagen in einer unausweichlich erscheinenden Sackgasse festgefahren hätte. Der Grund besteht darin, daß Befriedung immer auch eine Grenze voraussetzt, über die hinaus aggressive Tendenzen abgeleitet werden können, daß sie nach einem Gegner verlangt, dem gegenüber sich die eigene Gruppe überhaupt erst als Gemeinschaft verstehen kann. Und da die Oberfläche einer Kugel zwar unbegrenzt, aber nicht unendlich groß ist, mußte früher oder später die Situation eintreten, die heute erreicht ist. Die Größe der befriedeten Gebiete und die Größe der Gefahr haben gleichzeitig das maximal mögliche Maß erreicht – es sind die beiden Hälften der Erde, die jetzt einander gegenüberstehen.

Wo ist eine neue Grenze denkbar, die die ganze Erde «einfrieden» könnte, wo ein neuer Gegner, angesichts dessen die ganze Menschheit die Möglichkeit hätte, sich als die Gemeinschaft der Erdenbürger zu erfahren? Ganz offensichtlich wäre das die einzige Möglichkeit, die sich sonst früher oder später bis zu tödlicher Spannung steigernde Aggressivität von der Erde insgesamt abzuleiten. Wäre es nicht denkbar, daß die Astronautik uns die neue Grenze bescheren wird? Daß sie uns, wo nicht konkret, so doch zumindest psychologisch mit der Erkenntnis konfrontieren wird, daß wir nicht die einzigen Lebensformen sind? Wer von der Sinnlosigkeit der Weltraumfahrt redet, müßte jedenfalls auch diese Möglichkeit widerlegen.

Kein Zweifel, eine einzige echte «fliegende Untertasse», und das Problem wäre gelöst. Die Gefahr würde verfliegen, als hätte es sie nie gegeben. Aber ganz so leicht wird uns die Lösung sicher nicht in den Schoß fallen.

Eiskalt in Arizona

Die Bremsraketen der amerikanischen Raumsonde «Surveyor» wirbelten nicht nur Mondstaub auf, der über Jahrtausende hinweg unberührt geblieben war. Unruhe trug das auf dem Mond deponierte Instrument menschlicher Neugier auch in einen ganz anderen, kaum weniger alten Bereich: Der Sprecher der persischen Dichtervereinigung führte bittere Klage darüber, daß die von den Amerikanern veröffentlichten Mondfotos das schon von dem großen Omar Khayyam besungene schönste Juwel des nächtlichen Himmels als trostlose Steinwüste entlarvt hätten.

Da es sich bei der genannten Vereinigung um eine relativ machtlose Interessengruppe handelt, dürfte der Protest ungehört verhallen. Überdies ist die grundsätzlich unbestreitbare Einschränkung, welche die beruflichen Belange der persischen Poeten erfahren haben, schließlich nur ein vergleichsweise unbedeutendes Beispiel für jene Opfer, welche die Menschheit heute insgesamt dem weiteren wissenschaftlichen Fortschritt zu bringen entschlossen ist.

Andere Berufsstände stehen dieser Entwicklung weit aufgeschlossener gegenüber: Japanische Neurophysiologen befestigten an den kahlgeschorenen Köpfen meditierender Mönche Elektroden, um durch elektroenzephalographische Untersuchungen herauszufinden, was es mit der legendären «Selbstversenkung» auf sich hat. (Wie sich herausstellte, handelt es sich bei ihr um einen Zustand kurz vor dem Einschlafen.) Von irgendwelchen Protesten buddhistischer Kreise ist nichts verlautet.

Vor dem Hintergrund so positiver Zeugnisse aufgeschlossenen Wirklichkeitssinns überrascht es nur noch geringfügig, zu hören, daß mittlerweile auch das altbekannte Problem der Unsterblichkeit aus der unverbindlichen Sphäre vorwissenschaftlicher Spekulationen in den Bereich handfester technischer und ökonomischer Erwägungen gerückt ist. In Phoenix, Arizona, wurde vor wenigen Monaten der erste menschliche Leichnam eingefroren, mit der ausdrücklichen Absicht, ihn in diesem Zustand so lange zu belassen, bis der als unaufhaltsam anzusehende weitere Fortschritt der medizinischen Wissenschaft es ermöglichen werde, ihn wieder zum Leben zu erwecken. Schon hat sich, von diesem Beispiel eines Fortschrittlichen angeregt, eine «Life Extension Society» gebildet, deren rund 2000 Mitglieder mit dem Slogan: «Einfrieren – Abwarten – Auferstehen!» für ihr Vereinsziel werben.

Beachtenswert ist der für abgeschiedene Mitglieder vorgesehene Modus der Magazinierung: Von einem in freundlichen Farben gehaltenen «Besuchsraum» aus haben die Hinterbliebenen nach der Entrichtung einer angemessenen Gebühr die Möglichkeit, durch die Bedienung eines sinnreichen Schaltpultes – nicht unähnlich dem in Eisdielen anzutreffenden, hier jedoch der Auswahl beliebter Musikstücke dienenden Mechanismus – den in einem Plexiglaszylinder tiefgefroren ruhenden Verstorbenen hinter eine Sichtscheibe zu befördern. Diese Einrichtung kommt nicht nur den Wünschen der Angehörigen entgegen, sondern ermöglicht es darüber hinaus dem auf seine Wiedererweckung Harrenden auch noch, die in der Wartezeit entstehenden Kosten auf ein erträgliches Maß zu reduzieren.

So solide die Grundlagen des Projekts aber auch erscheinen, bei näherer Betrachtung ergibt sich ein furchtbarer Verdacht: Was nützt die Versicherung, daß die Wahl des Ortes Phoenix – ausgerechnet! – nicht etwa durch mythologische Assoziationen begründet ist, sondern allein durch die vergleichsweise laxe Art und Weise, in der dort die Bestimmungen über den Umgang mit Verstorbenen gehandhabt werden – wenn sich im nächsten Augenblick herausstellt, daß der Leiter der dortigen Tiefkühlzentrale den Namen Hope trägt?

Zuviel der Zufälle! Man beginnt zu ahnen, daß hier längst eine sich vernachlässigt fühlende magische Instanz die Fäden in ihre unsichtbaren Hände genommen hat. Ist das, was sich dort in Arizona so vortrefflich wissenschaftlich tarnt, in Wirklichkeit womöglich durch den Gedanken motiviert, daß der Aufenthalt in einem Tiefkühlzylinder die größte mögliche Entfernung ist, in die man sich nach seinem Tode vor dem höllischen Feuer zurückziehen kann?

Erfüllte Träume

Wünschen kann man sich nur, was man noch nicht hat. Diese Feststellung klingt weitaus weniger trivial, wenn man die sich aus ihr ergebenden Konsequenzen bedenkt, so zum Beispiel die Möglichkeit, daß die Unerfüllbarkeit mancher Zukunftsträume der Menschheit vielleicht damit zusammenhängen könnte, daß ihr Ziel in Wahrheit längst verwirklicht ist.

Einer dieser Träume ist der von einer Wanderung durch die Zeit. Kein noch so unvorhersehbarer Fortschritt von Wissenschaft und Technik, so versichern uns die Experten, werde uns je die Möglichkeit zu einer «Zeitreise» verschaffen können. Und sie begründen in allen Einzelheiten, warum wir diese Freiheit angesichts der Zeit – im Gegensatz zum Raum – niemals haben werden. Ihre Beweisführung ist scharfsinnig und unwiderlegbar. Aber muß man ihren Argumenten nicht noch eines hinzufügen: die Tatsache nämlich, daß wir alle längst dabei sind, durch die Zeit zu reisen in Richtung auf die Zukunft?

Deutlicher wird der hier zu vermutende Zusammenhang vielleicht an einem anderen Beispiel, dem Traum von einer Reise durch die Tiefen des Weltraumes. Selbst mit Lichtgeschwindigkeit würde eine solche Reise ungezählte Generationen dauern, wenn sie auch nur aus der allernächsten Nachbarschaft unseres eigenen Sonnensystems herausführen sollte. Und das Raumschiff müßte so riesengroß sein, daß alle zum Überleben dieser Generationen notwendigen Voraussetzungen erfüllt wären: Eine zeitlich unbegrenzte Regeneration von

Nahrung, Wasser und Atemluft, in Gang gehalten durch eine praktisch unerschöpfliche Energiequelle. Aber haben wir das nicht längst? Wir reisen doch durch den Weltraum, auf der Oberfläche der Erde, die groß genug ist, um den Sauerstoff der Atmosphäre mit Hilfe der Vegetation immer von neuem zu regenerieren, und die durch die unsichtbare Fessel der Gravitation gekoppelt ist an die Sonne, die als ein frei im Raum schwebender nuklearer Reaktor diesen Kreislauf ebenso wie den der Regeneration von Nahrung und Wasser in Gang hält. Mit geringerem Aufwand ist die Autarkie eines solchen Systems im freien Weltraum über beliebig lange Zeiträume hinweg eben wahrscheinlich gar nicht zu bewerkstelligen.

Wer hätte nicht gelegentlich schon gern die Vergangenheit zu neuem Leben erweckt? Aus Amerika kommt, so scheint es, verheißungsvolle Nachricht. Durch den Vergleich der Aminosäure-Sequenz bei den Enzymen verschiedener Gattungen kann man neuerdings bekanntlich deren phylogenetischen Verwandtschaftsgrad bestimmen. Ein amerikanisches Forscherteam ist jetzt im Begriff, nach der gleichen Methode durch eine computergesteuerte Wahrscheinlichkeitsanalyse die Eiweißzusammensetzung ausgestorbener Urtiere zu rekonstruieren. Damit aber scheint sich eine geradezu phantastische Möglichkeit abzuzeichnen: Was sollte zukünftige Forscher daran hindern, die auf diese Weise ermittelten Sequenzen eines Tages dann auch zu synthetisieren und damit die Voraussetzung zur Wiedererstehung archaischer Lebensformen zu schaffen? Werden wir eines Tages also die Saurier wiedersehen?

Aber auch die Biologen der Zukunft, die etwa auf den faszinierenden Gedanken verfielen, einen «paläontologischen Zoo» einzurichten und mit Beispielen längst ausgestorbener Urtiere zu bevölkern, wären an bestimmte Voraussetzungen gebunden. Die Möglichkeit der gezielten Synthese spezifischer Proteine allein genügt selbst dann noch nicht, wenn man das Rezept für die Zusammensetzung des genetischen Codes eines Brontosauriers in der Tasche hat.

Ein solches Tier braucht seine archaische Atmosphäre, die sich von der heutigen unterscheidet. Es braucht archaische Pflanzen zur Nahrung, und Artgenossen, um sich normal entwickeln zu können. Viel schlimmer: Seine Aufzucht aus dem Ei setzt ein spezifisches biochemisches Milieu voraus. Erwachsen ist es dann auf die Symbiose mit unzähligen Mikro-Organismen angewiesen, die ebenfalls erst mühsam «errechnet» und dann gezüchtet werden müßten.

Das alles braucht sehr viel Zeit; und damit das biologische System eines solchen Zoos im Gleichgewicht bleiben kann, auch sehr viel Platz. Die Computer würden wahrscheinlich ausrechnen, daß für das Experiment ein geeigneter Himmelskörper mit einem Durchmesser von etwa 12 000 Kilometern zur Verfügung stehen müßte und daß der Zeitaufwand auf rund 2 bis 3 Milliarden Jahre zu veranschlagen wäre.

Das aber hatten wir auch schon einmal.

Immer eins nach dem anderen

In einer Zeit, in der in den USA bereits 20000 Menschen mit künstlichen Herzklappen aus Silastic herumlaufen, in der es – natürlich ebenfalls in den USA – schon mehrere tausend Kinder gibt, die im Unterschied zu weniger ungewöhnlichen Parallelfällen deshalb keine Väter haben, weil sie das Resultat einer künstlichen Befruchtung ihrer Mütter mit dem Samen anonymer «Spender» sind, in einer Zeit ferner, in der Gehirne isoliert vom Körper am Leben erhalten werden und in der ein prominenter New Yorker Journalist eine Einladung, einem bemannten Satellitenstart beizuwohnen, mit der Bemerkung ablehnte: «Laßt uns bloß mit Euren Weltraumburschen in Ruhe, Ihr könnt Euch wieder melden, wenn einem von denen mal was zustößt», in einer solchen Zeit kann es geschehen, daß eine Gesellschaft, die von der Erstattung von Gutachten über wirtschaftliche und wissenschaftliche Entwicklungstendenzen lebt, zu der Erkenntnis gelangen muß, daß ihre Expertisen immer häufiger von tatsächlichen Neuentwicklungen und Entdeckungen überholt werden.

Um diesem Übelstand abzuhelfen, taten sich kürzlich die angesehene französische Société d'Etudes Economiques und die nicht weniger angesehene amerikanische Rand Corporation zusammen und beschlossen, eine aktive Zukunftsaufklärung zu betreiben. Zahlreiche Wissenschaftler in aller Welt mußten detailliert ausgearbeitete Fragebogen mit Prognosen über Probleme ihres Spezialgebietes ausfüllen, die anschließend an einen Computer verfüttert wurden. Als Ergebnis dieser Bemühungen wissen wir jetzt, was die Zukunft für uns bereithält:

Die nächsten 10 Jahre werden uns, neben anderem, verläßliche Wettervorhersagen, die Gewinnung von Trinkwasser aus dem Meer und Automaten bescheren, die aus jeder Sprache in eine beliebige andere Sprache übersetzen können. Etwas schwieriger wird es schon mit der künstlichen Herstellung des ersten lebenden Moleküls werden. Auf sie werden wir – ebenso, wie übrigens auch auf die kontrollierte Kernverschmelzung als technische Energiequelle – womöglich noch bis zum Ende dieses Jahrhunderts warten müssen. Amputierte Gliedmaßen wird man spätestens im Jahre 2010 neu wachsen lassen können. Im gleichen Jahre wird es auch Medikamente geben, die das Altern hinausschieben und das Leben um mindestens 50 Jahre verlängern. Wenige Jahrzehnte später werden elektronische Intelligenzverstärker das erste Beispiel für zahlreiche Möglichkeiten einer «Symbiose zwischen Mensch und Computer» bilden. Etwa zu der gleichen Zeit sind auch die ersten Versuche zu erwarten, durch Raumflüge, die sich über mehrere Generationenfolgen erstrecken, fremde Sonnensysteme zu erreichen.

Und nur wenig später wird es dann, wie die Auswertung mit großer Zuverlässigkeit ergeben hat, wahrscheinlich sogar dazu kommen, daß internationale Abmachungen getroffen werden, die eine gleichmäßige Verteilung der auf der Erde zur Verfügung stehenden Nahrungsmittel gewährleisten und damit sicherstellen, daß keine Menschen mehr an Unterernährung zu sterben brauchen.

Ein Schuß ins Leere

Jetzt haben wir alle gesehen, was zu sehen bis heute unmöglich war: Vor unseren Augen drehte sich die Erde frei im leeren Raum, halbseitig von der Sonne beschienen – dort war also Tag – Nord- und Südpol an ganz ungewohnter Stelle, ein seltsam verkantet sich darbietender Globus, bis einem einfiel, daß ja auch die Begriffe oben und unten nur ein irdisches Vorurteil sind.

So unvorstellbar groß die Zeiträume auch waren, innerhalb derer das Leben auf dieser Kugel entstand, und dann der Mensch, und zuletzt das, was wir «Geschichte» nennen, als so grotesk winzig erwies sich bei dieser Gelegenheit vor aller Augen der Schauplatz, auf dem sich alles abgespielt hat, was bisher jemals geschah. Niemals hatte es bis heute ein Ereignis oder ein Erlebnis gegeben, das nicht auf der Oberfläche dieser Kugel stattgefunden hätte, die schon aus 300000 km Entfernung – eine Strecke, die viele Autofahrer in wenigen Jahren beiläufig zurücklegen – kaum noch groß genug wirkte, um den Bildschirm unseres Fernsehgerätes auszufüllen.

Und jetzt gab es auf einmal drei Ausnahmen. Sie verließen die Erde, und sie ließen dabei nicht nur Luft und Wasser, sondern alle anderen Menschen hinter sich im Weltraum zurück. Wir alle sahen sie und, vor allem, hörten sie. Wer nun jedoch geglaubt hatte, dabei etwas miterleben zu können davon, was es bedeutet, eine solche Reise zu tun, der sah sich auf seltsame Weise betrogen: Die drei Abgesandten der Erde erwiesen sich als erlebnisunfähig. Dem munteren Geplauder derer, denen man diese Reise mit ungeheuerlichem Aufwand ermöglicht hatte, war von einem Erlebnis besonderer Art nichts anzumerken. Wer über das enttäuschende Phänomen nachdachte, begriff: Hier waren Männer ausgewählt und jahrelang hart trainiert worden, nicht um zu erleben, sondern um zu funktionieren. Lyriker vertragen keine 6 G-Beschleunigung. Hier agierten Helden eines neuartigen Typs. Unfähig, Angst zu haben. Der komplizierten Maschinerie an der funktionell entscheidenden Stelle eingefügte Computer aus Fleisch und Blut.

Aber das kann die ganze Erklärung nicht sein. Denn nicht nur die Mondfahrer wurden so um das Erlebnis ihrer Reise betrogen. In irgendeinem Sinne galt das unerwarteterweise für uns alle. Daß man es den Männern zumutete, aus dem Weltraum mit verteilten Rollen Stellen aus der Genesis zu verlesen, zeigt deutlicher als noch viele andere Symptome, wie sehr man auch auf der Bodenstation unter dem Eindruck gestanden hat, dem Unternehmen auf diese Weise künstlich jenen Charakter des Besonderen verleihen zu müssen, den es doch eigentlich von selbst hätte haben sollen.

Es war auch nicht allein der Mangel an Bildern, der es den Fernseh-Kommentatoren so sichtbar schwermachte, einen Bericht interessant wirken zu lassen, der dem interessantesten Ereignis unseres Zeitalters galt. Wohl selten hat eine größere Anzahl von Menschen mit geringerer Anteilnahme ein Unternehmen verfolgt, von dem alle wußten, daß es historischen Charakter hatte. Wie ist das zu erklären?

Vielleicht ist dies die Antwort: Die drei Männer haben die Grenzen jener Sphäre überschritten, innerhalb derer unsere Vorstellungskraft zu Hause ist. Der Ort, an dem sie sich als erste vorübergehend aufhielten, liegt heute noch außerhalb des unserem Erleben zugänglichen Bereiches. So gesehen wäre dann gerade die seltsame Blässe des Eindrucks der sicherste Hinweis auf die wahre Bedeutung des Geschehenen. Denn daß unsere Vorstellungswelt sich um den Bereich dieses Fluges erweitern wird, macht die eigentliche Bedeutung dieses Schrittes aus.

Warum malen sie abstrakt?

Galt es vor nicht gar zu langer Zeit noch als verläßliches Indiz eines «gesunden Empfindens», wenn man zugab, mit den Produktionen der modernen ungegenständlichen Kunst «nichts anfangen» zu können, so hat sich das in letzter Zeit doch sehr geändert. Heute tut gut daran, sich in aller Stille und heimlich zu schämen, wer ehrlich genug ist, sich einzugestehen, daß sein Gemüt nicht bereit oder fähig ist, jene Empfindungen durch ein abstraktes Bildwerk «evozieren» zu lassen, deren legitime Qualität bei Werner Haftmann nachzulesen ist.

Auf der Suche nach einer Autorität, die ihm in dieser Lage Absolution erteilen könnte, mag es dem Betrachter einfallen, sich auf Sedlmayr zu berufen. Aber wir waren ja davon ausgegangen, daß der solcherart Absolution Bedürftige nicht nur verständnislos, sondern auch ehrlich sei. Auch hier nun führt diese Tugend in Verlegenheit: Es beruhigt zwar – und kann vor musischen Minderwertigkeitskomplexen bewahren –, wenn man von Sedlmayr erfährt, daß abstrakte Kunst keine Kunst sei. Ehrlichkeit zwingt hier jedoch zu dem weiteren Eingeständnis, daß die Feststellung dessen, was moderne Kunst nicht ist, die Antwort darauf schuldig bleibt, was sie denn ist.

Seldmayr geht von den überzeitlichen Formen dessen aus, was bisher in der Menschheitsgeschichte als Kunst galt. Seine Schlußfolgerung, daß die Produktionen der Abstrakten Nicht-Kunst seien, ergibt sich angesichts dieser Voraussetzung einfach aus den Gesetzen der Logik. Sie besagt aber, entgegen Sedlmayrs Ansicht, natürlich nichts weiter, als daß sich der Hang zur ungegenständlichen Darstellung, der den zeitgenössischen Nachfolger des konservativen Künstlers so stark in seinen Bann zieht, offenbar aus anderen, neuen Quellen speist. Über deren Natur – und Rang – wird durch die negative Definition Sedlmayrs nicht entschieden. Die Absolution kann nicht erfolgen.

Die Kluft, die den abstrakten Künstler von dem Verständnis seines Publikums trennt, nun durch psychologische, philosophische oder geistesgeschichtliche Erklärungen wenigstens technisch zu überbrücken, ist bisher nicht gelungen. Die Vielzahl der Antworten auf die scheinbar simple, tatsächlich entscheidende Frage: «Warum malen sie abstrakt?» zeigt nur, daß die Erklärung noch nicht gefunden wurde.

Nun gibt es eine Antwort, die, so nahe sie liegt, bisher nicht versucht wurde: Die scheinbar simpelste, vielleicht aber entscheidende Antwort, nämlich: daß das gegenständlich Anschaubare als möglicher Gegenstand künstlerischer Darstellung heute vielleicht nicht mehr existiert. Ich glaube tatsächlich, daß das Auftreten des abstrakten Motivs in der bildenden Kunst die Folge einer sich seit langer Zeit in der Geistesgeschichte vollziehenden Abwertung des Augenscheins zugunsten einer neuen, abstrakt vorgestellten Wirklichkeit ist.

Wir müssen bis zu Kopernikus zurückgehen, um das zu verstehen, bis zu seiner Behauptung, daß sich, allem Augenschein zum Trotz, die Erde um eine ruhende Sonne bewege. Wir müssen weiter uns klarwerden darüber, daß das noch nie ein menschliches Auge gesehen hat. Ja, auch ein Weltraumreisender der Zukunft wird diese kreisförmige Erdbewegung nie sehen können.

Des Kopernikus provozierende Behauptung war keine Entdeckung, sondern eine Entscheidung: Sie bedeutet den Verzicht auf die Verläßlichkeit des Augenscheins, den revolutionierenden Versuch, die für selbstverständlich gehaltene Identität von Augenschein und Wirklichkeit zu sprengen. Es ist die Entscheidung für eine nicht sichtbare, abstrakte und nur vorgestellte Wirklichkeit, die hinter dem Augenschein, der sie in Wahrheit verdecke, vorfindbar sei.

Der Gewinn dieser radikalen, gewaltsamen Umwertung ist die Verwandlung der Welt in das manipulierbare Objekt des menschlichen Verstandes. Kopernikus traf seine Entscheidung ja nicht willkürlich, sondern mit der Begründung, daß sich bei der von ihm vorgeschlagenen Annahme die Bahnen der Planetenbewegungen leichter berechnen ließen. Für diesen Vorteil verlangte er, gegen den Protest seiner Zeitgenossen, das Opfer der Verleugnung des Augenscheinlichen, die Anerkennung einer Wirklichkeit, die nicht mit den Augen zu sehen ist und nur mit dem Verstand mittelbar erschlossen werden kann.

Die Menschheit hat dieses Opfer gebracht. Geschenkt wurde ihr dafür die Naturwissenschaft mit all ihrer Macht über eine objektivierte Natur. Wir alle sehen die Sonne mit unseren lieblichen Augen auf- und untergehen. Unsere Dichter beschreiben und die uns noch verbliebenen Hausmädchen besingen das Phänomen. Wir aber, die wir keines von beiden sind, sondern gebildet, glauben nicht mehr, was wir sehen, sondern glauben an eine Wirklichkeit, die im Ursinn des Wortes un-anschaulich ist. Ein Baum ist für uns «in Wirklichkeit» eine nach einem bestimmten System erfolgte Anordnung von Zellen, ein Stein «in Wirklichkeit» eine Zusammenballung chemisch definierter Moleküle. Alles «ist» letztlich ein imponierend kompliziertes Muster verschiedenster Energiezustände, unkörperlich, ohne noch beschreibbare sinnliche Qualitäten, auszudrücken nur noch in den abstrakten Symbolen quantenmechanischer Feldgleichungen.

Als der Mensch die Erkenntnis von Gut und Böse gewann, verlor er den ursprünglichen Zustand kreatürlicher Unschuld. Die Naturwissenschaft, die Erkenntnis von Richtig und Falsch – im Sinne des berechenbar Kausalen – mußte mit der Zerstörung des Augenscheins, mit dem Verlust des Wirklichkeitscharakters der anschaulichen Welt erkauft werden.

Es soll hier keineswegs einem Kulturpessimismus das Wort geredet werden; nur ist in unserem Zusammenhang die Besinnung darauf notwendig, daß auch in der geistesgeschichtlichen Entwicklung für alles bezahlt werden muß.

Es ist nun nicht etwa so, daß diese Entscheidung gegen den Augenschein und für eine naturwissenschaftlich definierte abstrakte Wirklichkeit zwangsläufig und unausweichlich war. Auch andere Entwicklungen wären denkbar und möglich gewesen.

Wie ein letzter Versuch der Revolte kann uns die leidenschaftliche Polemik Goethes gegen die Newtonsche Theorie des Lichts erscheinen. Goethes Vorwurf, Newton habe mit seinen Prismenversuchen eine in Wirklichkeit zusammengesetzte, spektrale Natur des natürlich weiß erscheinenden Lichts deshalb nicht bewiesen, weil er dieses Licht eben durch seine Prismen erst in die Spektralfarben künstlich verwandelt habe, ist auch heute noch erkenntnistheoretisch nicht zu widerlegen.

Aber die Entscheidung war damals schon gefallen. Auch Goethes Auffassung hätte zu einer gleichberechtigten, logisch in sich geschlossenen Entwicklung geführt, von der wir heute allerdings kaum mehr sagen können, als daß sie uns fraglos eine höhere Säuglingssterblichkeit, andererseits aber gewiß auch eine geringere Radioaktivität beschert hätte.

Unsere kulturelle Entwicklung zeigt nun die Tendenz einer ständigen Erweiterung des Gültigkeitsbereiches der sie tragenden Geistesprinzipien. Dieser Vorgang ist bildlich dem Färbungsprozeß vergleichbar, bei welchem der Farbstoff auf dem ihm verwandten Gewebe sofort haftenbleibt, von anderen Teilen aber nur schwer aufgenommen, von wieder anderen zunächst sogar abgestoßen wird, um sich dann schließlich bei hinreichend langer Einwirkung doch gleichmäßig in dem ganzen zu färbenden Medium zu verteilen.

So ist auch das Stadium der geistesgeschichtlichen Entwicklung, dessen Zeugen wir heute sind, kaum treffender zu kennzeichnen, als durch die Hervorhebung der Tatsache, daß naturwissenschaftliche Prinzipien – also: mathematisch-kalkulierendes, kausales Denken – seit einigen Generationen auch in Bereiche einzudringen beginnen, die ihnen anfangs grundsätzlich verschlossen schienen. Hatte dieses Denken anfangs nur die Vernunft beherrscht, so dringt seine färbende Kraft heute bereits unaufhaltsam auch in unsere Seele.

Nur so ist beispielsweise auch das Phänomen der Psychoanalyse zu verstehen. Ein kurzsichtiger Betrachter mag in ihr eine grundsätzlich neue Entdeckung – oder gar einen «Fortschritt» – sehen. In Wahrheit bedeutet sie die Anerkennung der Gültigkeit kausalen Denkens auch im Bereich der menschlichen Psyche. Das ist kein Werturteil, sondern der Versuch einer geistesgeschichtlichen Diagnose. Daß es sich auch hier in der Tat um den gleichen Farbstoff handelt, ist leicht zu erkennen: Auch hier, in dem letzten Reservat, dem des physiognomischen Ausdrucks und des mitmenschlichen Verhaltens, läuft die Entwicklung folgerichtig auf die Entwertung des Augenscheins hinaus, zugunsten einer hinter ihm verborgenen, unsichtbaren Wirklichkeit, die folglich nicht mehr unmittelbar zu erkennen, sondern nur noch mit Hilfe indirekter, spezieller Methoden («fachmännisch») erschlossen werden kann: Die Mutter lächelt ihr Kind freundlich an? Laß dich vom Augenschein nicht irreführen, «in Wirklichkeit» sublimiert sie einen Inzest-Wunsch!

Du interessierst dich für Literatur? Wieder täuschst du dich und mußt dir darüber klarwerden, daß auch deine eigenen Gedanken und Meinungen nichts als trügerischer Augenschein sind und daß du dich ohne die Hilfe des psychotherapeutischen Fachmanns, der die verborgene Wirklichkeit in dir aufzudecken allein in der Lage ist, gar nicht verstehen und kennen kannst. (Er wird dir überzeugend klarmachen, daß deine Bibliophilie die Kompensation der Verdrängung anderer, sehr viel weniger schöner -philien ist, die sich mit deinem

Über-Ich nicht vertragen.)

Betroffen werden sich «moderne» Eltern dessen inne, daß sie ohne fachmännische Unterstützung ihre Kinder zu erziehen nicht legitimiert sind, denn wie sollen sie wissen, was es «in Wirklichkeit» bedeutet, wenn das Kind trotzt?

Der Richter fühlt sich mit seiner Lebenserfahrung allein ohnmächtig, denn wie soll er wissen können, was es «in Wirklichkeit» bedeutet, wenn ein Delinquent gegen Sitte und Gesetz verstößt.

Welch eigenartige Paradoxie, diese allgemeine Unsicherheit als Folge des siegreichen Vordringens verläßlicher, wissenschaftlicher Prinzipien!

Wir sind so die Zeugen der letzten, hoffnungslosen Schlacht des Augenscheins, der in seinen letzten Reservaten aufgespürt und ausgeräuchert wird. Wenn sie vorüber ist, wird nichts unmittelbar sinnlich Erlebtes mehr gelten, wird die Augenscheinlichkeit des leibhaftig Wahrgenommenen in allen ihren Formen endgültig als eine grandiose Illusion entlarvt sein.

Malerei war schon immer mehr und anderes als die bloße Wiedergabe des Gesehenen. Sie war der Versuch, das spürbar werden zu lassen, was die Natur in der Fülle ihrer sichtbaren Erscheinungen ausdrückte, die Durchdringung, die Erhöhung des sinnlich Wahrgenommenen, des Augenscheins.

Auf die Frage: «Warum malen sie abstrakt?» fühle ich mich, nach all dem, was hier nur angedeutet werden konnte, versucht zu der Gegenfrage: «Was sollen sie denn malen?»

Verstand ohne Gehirn

Zu den vielen erstaunlichen Einsichten, welche die Beschäftigung mit der Biologie vermitteln kann, gehört auch die höchst bemerkenswerte Erfahrung, daß die Natur Probleme, die wir ganz selbstverständlich auf die intellektuelle Sphäre beschränkt glaubten, schon auf einer Ebene hat lösen müssen, in der es noch nicht einmal ein Bewußtsein gab.

Als eines der möglichen Beispiele wäre hier das Dilemma von Tradition und Fortschritt zu nennen, jenes Musterbeispiel eines polaren Begriffspaares, dessen Elemente sich gegenseitig nicht nur definieren, sondern auch sich auszuschließen scheinen. Wer etwa meint, daß angesichts der logischen Unvereinbarkeit dieser beiden Prinzipien allein in der ausschließlichen Durchsetzung des einen oder des anderen das Heil der Gesellschaft liege, wer also glaubt, auf den fruchtbaren Antagonismus dieser Gegensätze könne verzichtet werden, dem sei die unvoreingenommene Beschäftigung mit der biologischen Stammesgeschichte warm empfohlen.

Die Natur hat das konservative Prinzip bekanntlich durch einen Mechanismus realisiert, den wir gewöhnlich «Vererbung» nennen. Er soll gewährleisten, daß jedes neu entstehende Lebewesen in allen für seine physische Existenz entscheidenden Details eine exakte Kopie des elterlichen Organismus darstellt. Ohne diese Fähigkeit zur konservativen Beharrung stände die Natur vor der unlösbaren Aufgabe, alle die unzähligen komplizierten Gestalten und Funktionen, die zur Aufrechterhaltung von «Leben» notwendig sind, in jeder

Generation von neuem erfinden zu müssen.

Die Entfaltung des Lebendigen hat aber noch eine zweite, diametral entgegengesetzte Fähigkeit zur Voraussetzung: die Fähigkeit zum Wandel, ohne die es niemals eine Geschichte des Lebens auf der Erde gegeben hätte. Wenn der somatische Prozeß der Reduplikation des genetischen Materials wirklich mit absoluter Zuverlässigkeit funktionierte, wenn Vermehrung tatsächlich und ausnahmslos nichts anderes wäre als die exakte Wiedergabe des elterlichen Vorbildes, dann hätte es auf der Erde bis an das Ende der Zeiten im besten Falle nur die stumpfsinnige Wiederholung des einen primitiven Makromoleküls geben können, dem es irgendwann in grauer Urzeit erstmals gelang, sich selbst zu reproduzieren.

Vor diesem Schicksal blieb die Erde bekanntlich bewahrt, weil es «spontane Mutationen» gibt: bei jeder Generation wird ein kleiner, wohldosierter Prozentsatz des biologischen Erbes buchstäblich aufs Spiel gesetzt. Allein dieses Risiko liefert die Möglichkeit, in das starre System der genetischen Tradition die neuen Möglichkeiten einzuführen, auf die das Leben zu seiner Entfaltung angewiesen ist.

So kann die Natur uns lehren, daß konservatives Beharrungsvermögen und das Wagnis der Einführung neuer, noch von keiner Erfahrung geprüfter Möglichkeiten, so unerbittlich beide Strategien einander in der logischen Dimension auch ausschließen, in der historischen Realität dennoch zusammenwirken müssen, wenn das Leben erhalten bleiben soll. Aber die Natur verfügt nicht nur in Gestalt der spontanen Mutationen über eine Analogie zum freien, schöpferischen Einfall, sie hat noch eine andere Fähigkeit vorweggenommen, die wir für spezifisch menschlich hielten.

Im Unterschied zu einem sich durch einfache Teilung vermehrenden Einzeller verfügt jedes sich sexuell reproduzierende Lebewesen über die Möglichkeit, einen großen Vorrat an Erbanlagen «rezessiv» zu speichern. Dieser Teil des genetischen Erbes wird von Generation zu Generation weitergegeben, ohne daß von ihm, solange er rezessiv bleibt, irgendein äußerlich faßbarer Gebrauch gemacht wird.

Was ist der Zweck? Wie wir seit neuestem wissen, werden im Verlaufe der fortwährenden Durchmischung dieses rezessiven Gen-Vorrats einer Population alle vorkommenden neuen Gen-Kombinationen durch spezielle Regulator-Gene auf ihre Brauchbarkeit vorgeprüft, ehe sie sich in der rauhen Wirklichkeit der Selektion bewähren müssen. Hier findet, mit anderen Worten, Evolution «im Sandkasten» statt. Die sexuelle Form der Vermehrung erlaubt es der belebten Natur folglich, aus einer Fähigkeit Nutzen zu ziehen, die wir bisher erst durch die Phantasie des Menschen verwirklicht glaubten: die Fähigkeit, schon vor dem Eintreten konkreter Erfahrungen zu lernen aus dem probierenden Durchspielen zukünftiger Chancen.

So gesehen erweist sich die Sexualität als die Phantasie der Natur.

Geld . . .

Der farbige Himmel

Wie sieht der Sternenhimmel eigentlich wirklich aus? Seit die Wissenschaft uns gelehrt hat, dem Augenschein zu mißtrauen, ist die Frage nicht so abwegig, wie sie im ersten Augenblick klingt. Und außerdem ist sie auch aktuell: Seit einigen Jahren gibt es eine Astrofarbphotographie. Sie präsentiert uns den Himmel in einer Farbenpracht, die das menschliche Auge nie wird wahrnehmen können.

In unserer Netzhaut gibt es «Stäbchen» und «Zapfen». Mit den Stäbchen unterscheiden wir Helligkeiten und mit den Zapfen Farben. In den letzten Jahren haben die Neurophysiologen herausgefunden, auf welch erstaunliche Weise die als Zapfen bezeichneten Sehzellen es fertigbringen, die Fülle der in unserer Umwelt vorkommenden Farbtöne auf die Mischung von nur drei Grundfarben zu reduzieren und diese an die optischen Zentren unseres Gehirns zu melden. Sie tun das aber nur oberhalb einer bestimmten Helligkeitsgrenze. In der Dämmerung stellen sie ihre Tätigkeit ein, mit der Folge, daß alle Katzen grau werden.

Mit Ausnahme des Mondes und einiger besonders heller Sterne gilt das nun selbstredend auch für den Sternenhimmel, der aus diesem Grunde für uns nur aus Hell und Dunkel zusammengesetzt ist. Durch Meßinstrumente, deren Empfindlichkeit größer ist als die unserer Augen, läßt sich aber leicht nachweisen, daß auch das Licht der Sterne, planetarischen Nebel und Galaxien aus unterschiedlichen Wellenlängen besteht, die objektiv den verschiedenen uns geläufigen Spektralfarben –

oder ihren Mischungen – entsprechen. Und spezielle photographische Techniken ermöglichen es jetzt sogar, astronomische Farbaufnahmen herzustellen, die diese objektiv vorhandene Farbigkeit des Himmels sichtbar machen.

In tiefer Dämmerung oder gar bei Nacht sehen auch eine rote Blüte oder ein grünes Blatt grau (oder schwarz) für uns aus. Wir sagen dann, wohlgemerkt, sie sähen grau aus, seien «in Wirklichkeit» aber rot oder grün, weil wir wissen, daß Blüte und Blatt noch eine Eigenschaft mehr haben, die wir im Dunklen lediglich nicht wahrnehmen können: ihre Farbigkeit.

Wie verhält es sich in dieser Hinsicht nun mit dem Sternhimmel? Ihn erleben wir nur nachts, und dann kann er uns nicht farbig erscheinen. Unsere Meßinstrumente aber – und jetzt auch Spezialaufnahmen – zeigen uns, daß er noch eine Eigenschaft mehr hat, die wir in der Dunkelheit lediglich nicht wahrnehmen können: seine Farbigkeit. Ist der Sternenhimmel «in Wirklichkeit» also bunt – auch wenn unsere Augen seine Farben nie werden sehen können?

Wir haben uns schon wiederholt daran gewöhnen müssen, daß die Wahrheiten, welche die naturwissenschaftliche Forschung zutage fördert, meist mehrere, mitunter sogar widersprüchliche Aspekte haben. Es ist daher nicht weiter verwunderlich, wenn sich jetzt herausstellt, daß das auch für den Himmel gilt.

Die lautlose Explosion

Ein angesehener amerikanischer Bevölkerungsstatistiker hat vor einiger Zeit ausgerechnet, daß der Weltuntergang am 13. Juni des Jahres 2116 stattfinden wird – einem Freitag notabene, wie könnte es anders sein. Die Ursache der Vernichtung wird weder ein thermonuklearer Krieg sein – falls wir uns zu dieser Lösung nicht schon lange vorher entschlossen haben sollten – noch eine kosmische Katastrophe, sondern einfach der Umstand, daß die Menschen sich von diesem ominösen Datum ab gegenseitig physisch erdrücken werden.

Die Berechnung des Amerikaners ergab, daß am 13. 6. 2116 auf der gesamten Landmasse der Erde für jeden einzelnen Lebenden nur noch ein Stehplatz frei sein wird, wenn die augenblickliche Zuwachsrate der Weltbevölkerung unverändert bleiben sollte.

Ein einziger Frosch legt im Laufe seines Lebens 10000 Eier. Auch die meisten anderen Spezies sind mit einer so hohen Vermehrungsfähigkeit ausgestattet, daß sie innerhalb weniger Generationen den ganzen Globus überschwemmen würden, stände ihrem Vermehrungspotential nicht eine entsprechend hohe natürliche Vernichtungsrate gegenüber. Allein der Mensch hat es gelernt, im Verlaufe seiner Geschichte mit zunehmender Wirksamkeit in dieses Gleichgewicht einzugreifen und die von der Natur über seine Art verhängte Vernichtungsrate durch die Ausschaltung aller Konkurrenten, durch die Verbesserung seiner Ernährungsgrundlage und schließlich durch die Ausrottung der großen Volksseuchen immer weiter zu senken. Das Resultat dieses

Eingriffs nimmt sich folgendermaßen aus:

Die Geschichte des Homo sapiens begann spätestens vor 100000 Jahren. Nicht weniger als 98% dieses gewaltigen Zeitraums, nämlich 98000 Jahre, benötigte unsere Spezies, um bis zu der bescheidenen Anzahl von insgesamt 250 Millionen Individuen anzuwachsen. So wenige Menschen gab es noch vor 2000 Jahren, zur Zeit von Christi Geburt. Die erste Verdoppelung dieser Zahl erfolgte in der schon erstaunlich verkürzten Zeitspanne von nur 1 1/2 Jahrtausenden. Etwa 500 Millionen Menschen lebten zur Zeit der Entdeckung Amerikas. Die nächste Verdoppelung benötigte gar nur noch 300 Jahre: 1 Milliarde Menschen zählte die Weltbevölkerung zu Beginn des vorigen Jahrhunderts. Bis heute ist die Zeitspanne, innerhalb derer sich die Zahl der auf der Erde lebenden Menschen verdoppelt, bereits auf 35 Jahre zusammengeschrumpft, und noch immer nimmt sie weiter ab. Bei der jetzigen Wachstumsrate von rund 2% pro Jahr würde sich die Menschheit in der lächerlichen Frist der nächsten 100 Jahre versechsfachen.

Angesichts dieser Situation dürfen wir nicht übersehen, daß es einen Faktor der natürlichen Vernichtungsrate gibt, der auch bei unserer Spezies unangetastet geblieben, ja dessen Bedeutung in den letzten Jahrzehnten sogar ähnlich sprunghaft angewachsen ist wie die Vermehrungsrate der Menschheit, nämlich die durch kriegerische Auseinandersetzungen dargestellte potentielle Vernichtungsrate.

Die logisch einzig mögliche Alternative einer derart katastrophalen «Beseitigung» des Problems ist die eines Eingriffs auf der anderen Seite des aus den Fugen geratenen Gleichgewichts: die Reduzierung der Wachstumsrate durch eine planmäßige Bevölkerungspolitik. Dieser einzig denkbaren humanen Lösung stehen nun aber nicht nur mächtige psychologische und – bei ihrer weltweit notwendigen Koordinierung – politische Hindernisse im Wege, sondern ein noch viel schwerer wiegendes Phänomen:

Wir kennen die Zahlen, und wir können die Konsequenzen berechnen, und trotzdem erscheint uns die Gefahr gar nicht als real. Das kommt daher, daß sich der kritische, explosionsartige Charakter der Entwicklung nur dann zu erkennen gibt, wenn man sie über die Jahrtausende hinweg betrachtet. Solchen Zeiträumen gegenüber versagt aber einfach unsere Vorstellungskraft. Die Gefahr wird von einem Prozeß gebildet, den wir nicht wahrzunehmen vermögen.

So scheint alles davon abzuhängen, ob wir noch rechtzeitig einsehen werden, daß eine Explosion auch dann tödlich sein kann, wenn sie für unsere Ohren unhörbar abläuft.

Gezänk unter Statisten

Arthur Koestler beschrieb einmal in einem seiner Romane eine Szene, in der ein hoher kommunistischer Funktionär, ausersehen für einen Schauprozeß, verhaftet und in seine Zelle eingeliefert wird. Sogleich nimmt ein Zellennachbar mit dem unbekannten Neuling durch Klopfzeichen Verbindung auf und morst als erste Nachricht durch die Trennwand: «Es lebe Seine Majestät der Zar.» Die Pointe der Episode besteht in der grenzenlosen Verblüffung des Verhafteten, der erst jetzt, als gefallener Engel, auf diese Weise erfährt, daß «Konterrevolutionäre» nicht nur in der Phantasie des Politbüros, sondern auch leibhaftig existieren.

Ähnliche Gefühle beschleichen den Leser eines neuen Essay-Bandes von Peter Bamm, in dem der Autor «die Wahrheit der christlichen Offenbarung» mit solch triumphierender Einseitigkeit gegen «die Wahrheit der Wissenschaft» auszuspielen für angebracht hält, daß ihm seine Polemik zu einem nahezu lückenlosen Lexikon aller jemals gegen die Wissenschaft vorgebrachten Vorurteile und Mißverständnisse geraten ist, die dümmsten und längst totgeglaubten nicht ausgenommen. Da war offenbar niemand, der Peter Bamm davor bewahrte, der ihn, den Arzt, rechtzeitig darauf hingewiesen hätte, daß es auch ideologische Skotome gibt, Einschränkungen des Gesichtsfeldes, die nicht durch organische Mängel, sondern durch Vorurteile verursacht werden, nicht einmal der Lektor einer Verlagsanstalt, die sich sonst stets eines besonderen Rufes gerade auf naturwissenschaftlichem Gebiet rühmt.

Es gibt ihn also wirklich, auch heute noch, den Mann, der sich auf seine Bildung nicht wenig zugute hält, und der es gleichwohl fertigbringt, den «Evolutionisten» triumphierend entgegenzuhalten, ihre Lehre, der Mensch habe sich aus tierischen Vorformen entwickelt, laufe auf eine Paradoxie hinaus, denn dann müßte irgendwann einmal ein Lebewesen, das noch Tier war, ein anderes Wesen geboren haben, das schon Mensch war.

Dies ist nur eine einzige Kostprobe aus einer von dem gleichen Autor endlos und mit geradezu rufselbstmörderischer Hartnäckigkeit fortgesetzten Litanei vergleichbarer und noch haarsträubenderer Argumente. Viel trauriger ist aber die das ganze Buch durchziehende Tendenz, den Leser von der angeblichen Unvereinbarkeit religiösen Glaubens mit wissenschaftlicher Wahrheitssuche zu überzeugen. Obwohl die Argumente auch hier nicht besser sind – Bamm behauptet allen Ernstes, daß von dem, was die Wissenschaft bis vor 100 Jahren erarbeitet habe, heute nichts mehr gelte –, lassen erst diese Abschnitte das Buch nicht nur peinlich, sondern darüber hinaus bedenklich erscheinen, denn es ist inhuman, den Rückfall eines Rekonvaleszenten zu begünstigen.

In Wirklichkeit sind das alles doch nur Eifersüchteleien in der Komparserie. In Wirklichkeit sind wir alle nur Statisten, die sich in einer Kulisse vorfinden, deren Aufbau niemand übersieht, und in der ein Stück gespielt wird, von dessen Text wir nur einzelne Worte mitbekommen. Mit Nobelpreisen ehren wir die wenigen, denen es gelingt, wenigstens Bruchstücke von dem zu verstehen, was uns unmittelbar vor Augen liegt. An den

Grenzen des beobachtbaren Kosmos und nicht weniger in uns selbst verliert sich die Welt für uns im Unvorstellbaren. In dieser Lage sucht der eine die Wahrheit wie in einem Spiegel in einem dunklen Wort, und der andere in Formeln und Abstraktionen, die das gleiche Rätsel auf andere Weise zu fassen versuchen. Beide meinen das gleiche, und beide haben immer nur stets fragwürdig bleibende Teile des Ganzen in der Hand.

Wer das dem anderen so rundheraus und selbstsicher abstreiten will, wie Bamm das in seinem Buch tut, und wer alle Wahrheit nur für seinen eigenen Standpunkt beansprucht, gleicht einem Statisten, der sich vor seinen Kollegen mit besonders guten Beziehungen zum Intendanten brüstet, obwohl jeder weiß, daß er ihn noch nie zu Gesicht bekommen hat.

Sabotage am Erbgut der Menschheit

Nicht jeder, der laut oder in seinem Inneren protestiert, wenn er daran denkt, wie viele Schwachsinnige oder chronisch Geisteskranke in Anstalten oder Heimen nur durch unermüdliche Pflege am Leben erhalten werden können, und dann möglicherweise nach «Euthanasie» ruft, verkörpert allein deshalb schon ein Stück «unbewältigter Vergangenheit». Obwohl, Ehrlichkeit und ein Minimum an Sachkenntnis vorausgesetzt, die Einsicht nicht weit liegen dürfte, daß der Begriff der «Sterbehilfe» hier nichts zu suchen hat (denn der Schwachsinnige leidet nicht) und daß die «Hilfe», die hier gefordert wird, in Wirklichkeit gar nicht dem Kranken, sondern der Gesellschaft gewährt werden soll, die es angeblich zu entlasten gilt.

Hinter der latenten Aggressivität, die fast alle Menschen dem chronisch Geisteskranken gegenüber hegen, verbirgt sich ein kompliziertes Geflecht verschiedenartigster Motive. Die meisten von ihnen beruhen auf atavistischen Instinkten, was in diesem Zusammenhang nur heißen kann, daß es nur einem Neandertaler erlaubt wäre, sich ihrer nicht zu schämen. Eines aber, ein einziges von ihnen, verdient ernstliche Beachtung. Es ist die Sorge vor der Möglichkeit, daß der Wegfall der natürlichen Auslese beim zivilisierten Menschen eine Ansammlung negativer Erbeigenschaften bewirken, daß der Prozeß der Zivilisation eine fortlaufende Verschlechterung des menschlichen Erbgutes zur Folge haben könnte. Sind die chronisch Geisteskranken ein Ballast, dessen Gewicht die Menschheit auf dem Wege des

Fortschritts früher oder später zum Straucheln bringen wird? Die Frage ist legitim. Aber sie ist in dieser Form viel zu eng gefaßt.

Die Medizinalstatistik besagt, daß heute 2 % aller Bundesbürger zuckerkrank sind. Noch vor wenigen Jahrzehnten waren es weniger als 1 %. Untersuchungen der letzten Jahre zeigen, daß die Zahl in der ganzen Welt langsam weiter steigt. Eine soeben in Ohio abgeschlossene Reihenuntersuchung ergab nahezu 3 % Zuckerkranke. Diese Tendenz hat neben äußeren Faktoren (vor allem Eßgewohnheiten) auch den Grund, daß die moderne Medizin in dem Maße, in dem es ihr gelingt, das Leiden des einzelnen zu verringern, die Zahl der Leidenden insgesamt zwangsläufig vermehrt. Früher starb ein Diabetiker in der Regel, ehe er die Möglichkeit hatte, seine Anlage an Nachkommen weiterzugeben. Heute führt er, dank der Möglichkeiten der modernen Therapie, ein Leben wie jeder andere. Und der Diabetes ist nur ein einziges (besonders gut bekanntes) Beispiel von sehr vielen. Das gleiche gilt für den verlagerten Weisheitszahn, für die Neigung zu bestimmten Infektionen, zu endokrinen Störungen, Magenleiden, Herzerkrankungen und ungezählte andere «Dispositionen». Die meisten von uns hat die moderne Medizin irgendwann in ihrem Leben schon einmal vor den fatalen Konsequenzen dieser oder einer anderen erblichen «Schwäche» bewahren müssen.

Es ist schon möglich, daß sich der Fortschritt der Menschheit als Folge dieser Entwicklung eines Tages selbst aufheben wird. Aber es ist paradox, den Wegfall der erblichen Selektion beim Menschen zu bedauern und gleichzeitig alle Anstrengungen zu unternehmen, um sich selbst vor den möglichen Konsequenzen eben dieser Auslese zu schützen. Es ist durchaus möglich, daß wir, indem wir als Individuen handeln, die Qualität des Erbgutes der Menschheit insgesamt ruinieren. Aber man sollte aufhören, bei der Diskussion dieses Risikos als Beispiel immer nur die chronisch Geisteskranken zu zitieren. Das Problem ist sehr viel allgemeinerer Natur. Auf die Frage, wer das Erbgut der Menschheit sabotiert, kann die Antwort nur lauten: Wir alle!

Eine Lanze für Ikarus

Allzu helles Licht blendet, und das Übergroße wird ebenso leicht übersehen wie das Winzige. Sinne und Verstand des Menschen entfalten ihre volle Funktionstüchtigkeit im Mittelmäßigen. Daher werden historische Ereignisse vom Zeitgenossen auch selten nur als solche erkannt. Sie spielen sich direkt vor seinen staunend geweiteten Augen ab, aber die Fülle der Bedeutungen, das Übermaß der Konsequenzen, die sie ankündigen und einleiten, übersteigen seine Aufnahmefähigkeit so hoffnungslos, daß sich nur Einzelheiten seinem Bewußtsein einprägen – und oft genug sind es nur Einzelheiten von der lächerlichsten Nebensächlichkeit.

Das ist unsere einzige Entschuldigung dafür, wie wir das Ereignis des ersten Fluges eines Menschen in den Weltraum, oder doch wenigstens in das Vestibül des Kosmos, aufgenommen haben. Unsere Nachfahren wird es einigermaßen verblüffen, daß wir ein solches Ereignis vor allem unter den Aspekten nationalen Prestiges und rüstungstechnischen Imponiergehabes kommentieren.

Die Lächerlichkeit derartiger Reaktionen ist tatsächlich nur noch als Gradmesser der unsere Phantasie und Vorstellungskraft weit übersteigenden Bedeutung des Geschehenen deutbar. Das gleiche gilt auch für eine ganz andere, nicht minder typische Kategorie zeitgenössischer Reaktionen, nämlich für die mit mystischem Tremolo ausgestoßenen Weherufe jener, die es auf ihre Weise nicht fassen können, daß die Menschheit dabei ist, eine Grenze zu überschreiten, die als unüberschreitbar galt.

Ermuntert wurde der Chor durch den längst zum geflügelten Wort avancierten Ausspruch eines Nobelpreisträgers, die Raumfahrt sei «zwar ein Triumph des Verstandes, aber ein tragisches Versagen der Vernunft». Es fehlte auch nicht an belehrenden Hinweisen darauf, daß «hier unten» noch allerlei zu erledigen sei. Das ist allerdings nicht zu bestreiten, aber die Geschichte hat sich noch nie an das gewiß redliche Prinzip gehalten: «Immer hübsch der Reihe nach.»

Desungeachtet steigerten sich die Unkenrufe der Kosmophoben bis zu wahrhaft apokalyptischem Gezeter: Wie anders soll man es nennen, wenn behauptet wurde, Raumfahrt sei nicht nur «der Gipfel stumpfsinniger Rekordsucht», sondern letztlich «Ausdruck eines größenwahnsinnigen, ekstatisch-orgiastischen Fortschrittskultes».

Das sind nicht nur starke Worte, sondern das ist, schlicht gesagt, purer Unsinn. Was soll diese Erregung! War es eine andere Grenze, die wir überschritten, als man begann, Sulfonamide zu geben, anstatt weiter machtlos mitanzusehen, wie von drei Pneumoniekranken jeweils einer starb? Oder ist eine dieser kosmischen Kassandren vielleicht bereit, sich auch nur einen Zahn unter «natürlichen» Bedingungen ziehen zu lassen, nämlich ohne Narkose?

Ach, es geht ja gar nicht um irgendwelche Grenzen, weder um «gottgewollte» noch um «naturgegebene». Es geht einzig und allein um das Brechen mit altgewohnten Vorstellungen. Im Weltraum warten Meteoriten, Strahlen und viele andere noch unbekannte Gefahren, aber nicht der große Buhmann, auf Gagarins Nachfolger. Was diese Weherufer für eine aus irgendwelchen dunklen Gründen verhängnisvolle Grenze halten, ist in Wirklichkeit nur die Grenze ihrer eigenen Phantasie. Es ist nicht daran zu zweifeln, daß es sich bei diesen Leuten um die geistigen Nachfahren jener Braven handelt, die vor hundert Jahren die erste Lokomotive vor den Blikken des arglosen Publikums durch hohe Bretterzäune verbergen wollten, da durch den Anblick des mit «unnatürlicher» Geschwindigkeit einherrasenden Ungeheuers mit Sicherheit geistige Störungen ausgelöst würden.

Aber wissen die «Kosmonauten» selber, die Physiker und Ingenieure und die Befürworter der Raumfahrt, wissen denn sie immer, worum es geht? Es ist eigenartig, daß man das einzige überhaupt ernst zu nehmende Argument der kosmischen Reaktionäre, nämlich den Einwand, das ganze Unternehmen sei «sinnlos», am einfachsten widerlegen kann, wenn man von einer kaum weniger erstaunlichen Illusion der Befürworter kosmischer Expeditionen ausgeht.

Man kann den Seelenforschern – neben anderer berechtigter Kritik, versteht sich – den Vorwurf nicht ersparen, daß sie es versäumt haben, den «Ikarus-Komplex» zu entdecken und mit der seiner Bedeutung angemessenen Gründlichkeit zu analysieren. Es ist kein Wort davon wahr, daß die Erfindung des Flugzeugs etwa «die Erfüllung dieses uralten Menschheitstraumes» gebracht hätte. Das Flugzeug ist ein Zufallsprodukt, wie das Schießpulver Abfall war auf der Suche nach künstlichem Gold. Im Vergleich zu dem kümmerlichen Surrogat des Flugzeugs kommt der moderne Sport der Tauchschwimmerei der Erfüllung dieses Wunsches schon sehr viel näher: Der Tauchschwimmer ist Ikarus bisher am nächsten; er erlebt das gewichtlose Schweben in drei Dimensionen. Dieses gleitende Schweben aber ist die Essenz des Ikarus-Komplexes, von dem wir alle nicht frei sind.

Und nun die Weltraumfliegerei: Hunderttausende von PS, Raketen so hoch wie Wolkenkratzer, von einem Wert, der Weltmächte an den Rand des Staatsbankerotts bringt, gelenkt von elektronischen Mechanismen, deren Entwicklung die Gehirne einer ganzen Generation von Mathematikern verbrauchte – und hinter all diesem Aufwand an technischer Perfektion: Der alte, ewig junge Traum, Ikarus endlich einholen zu können, die Aussicht auf das schwerelose Schweben im Raum.

Natürlich werden andere, höchst verständige Motive angegeben, wissenschaftliche, militärische, wirtschaftliche. In der Psychologie nennt man das eine «sekundäre Rationalisierung» – eine Handlung, deren eigentliches Motiv aus irgendwelchen Gründen verdrängt wurde, wird salonfähig gemacht.

Vor diesem Hintergrund nimmt sich das Geschwätz von der «stumpfsinnigen Rekordsucht» so töricht aus, wie es ist. Rekorde entstehen durch Leistungssteigerungen in bekannten Dimensionen. Hier aber geht es um etwas völlig anderes: um den Sprung in ein neues Weltgefühl, um die wortwörtliche Befreiung von der Erdenschwere.

Die Weltraumfahrt «ein Triumph des Verstandes»? An der Oberfläche vielleicht. Die Motive jedoch, die sich hinter ihr verbergen, sind in Wirklichkeit ein schlagender Beweis gerade dafür, daß die wesentlichen Triebkräfte auch heute noch aus den unergründlichen Tiefen des Gemütes stammen. Wir leben in einer Zeit der Ingenieure, gewiß. Aber unsere Ingenieure träumen.

Soweit der Traum sich nun um das Schweben im Reiche der Schwerelosigkeit rankt, wird es ein unangenehmes Erwachen geben. Natürlich kann man einen Menschen so drillen, daß er auch in diesem Zustand aktionsfähig bleibt, Gagarin hat das bewiesen. Wie sollte auch ein Mann versagen, der es fertigbringt, im Weltraum deshalb keine Angst zu haben, «weil die Partei über ihn wacht»? Wer sah je einen gelungeneren menschlichen Dressurakt?

Gewöhnliche Träumer jedoch wie wir am Ikarus-Komplex leidenden Normalneurotiker würden in der gleichen Lage keine patriotischen Lieder anstimmen, sondern höchstwahrscheinlich ein panisches Gebrüll. Sinneswerkzeuge und Reflexsysteme des Menschen sind nämlich so beschaffen (und für irdische Verhältnisse, unter denen während Jahrmillionen die Entwicklung unseres Organismus ausschließlich erfolgte, ist das sehr zweckmäßig), daß sie das Ausbleiben jeglicher Gravitationswirkung an das Bewußtsein als die Situation des freien Falls melden. Das bedeutet, daß kein Mensch das Gefühl der Schwerelosigkeit als jenes unbeschwerte Schweben zu erleben vermag, das man sich so gern ausmalt, sondern nur als das Gefühl eines Sturzes ins Bodenlose. Daran können auch Drill oder Gewöhnung nichts ändern: Unser Nervensystem ist so konstituiert, daß es Schwerelosigkeit und freien Fall nicht zu unterscheiden vermag. Es kommt hinzu, daß die Richtung dieses Sturzes nicht einmal definiert ist. Also selbst bei einem gelungenen Flug muß auch der kosmische Ikarus abstürzen, wenn auch nur in seiner Vorstellung.

Was bleibt eigentlich, wenn alle diese Argumente sich bei näherer Betrachtung als relativ unwichtig entpuppen? Was ist das für eine Ahnung wie von etwas Endgültigem, Entscheidendem, die hinter allen diesen Illusionen und Träumen steht und alle zu ergreifen scheint, die sich, warnend oder triumphierend, mit dem Thema beschäftigen? Warum soll Ikarus fliegen, wenn er doch abstürzen muß?

Es ist, meine ich, die Ahnung von einem ganz anderen, schwer zu formulierenden Sinn des Schrittes, den die Raumfahrt darstellt, und angesichts dessen auch ihre unmittelbaren wissenschaftlichen, militärischen und politischen Konsequenzen vergleichsweise unwichtig erscheinen: Die Ahnung davon, daß die Raumfahrt zu einem neuen Selbstverständnis des Menschen führen wird.

Wer vermöchte zu sagen, in welch vielfältiger Weise die Einsicht, daß die Erde *nicht* der Mittelpunkt des Weltalls ist, die geistesgeschichtliche Entwicklung der nachkopernikanischen Epoche beeinflußt hat? Wer könnte andererseits bestreiten, daß sie diese Entwicklung bis in ihre feinsten Verästelungen mitbestimmt und geprägt hat? Das Entscheidende sind immer die ideellen Faktoren gewesen, und unter diesen hat nichts den Menschen mit solcher Endgültigkeit geprägt wie die Art und Weise, in der er sich jeweils selbst sah und verstand.

Ist es denkbar, daß dieses Selbstverständnis unbeeinflußt bleiben könnte von der Erfahrung, daß oben und unten, rechts und links, diese unsere fundamentalen Ordnungskategorien, nicht Selbstverständlichkeiten sind, sondern Gewohnheiten? Von dem Erlebnis – es nur zu wissen, genügt nicht –, daß die Erde nicht die Welt ist?

Die Raumfahrt ist nur dann sinnlos, wenn man die Argumente, die für sie meist angeführt werden, ernst nimmt. Ihre heute noch unabsehbare wirkliche Bedeutung liegt auf anderem Gebiet. Sie wird zwangsläufig zu einem neuen Selbstverständnis des Menschen führen. Was das im einzelnen bedeutet, können wir heute nur ahnen. Daß der Schritt für unser ganzes Geschlecht jedoch entscheidend ist, wird niemand bestreiten können.

Herr über Leben und Tod

In Seattle im amerikanischen Bundesstaat Washington an der pazifischen Küste gibt es elf Menschen, die eigentlich längst tot sein müßten, denn bei ihnen allen ist die Funktion beider Nieren durch einen entzündlichen Prozeß seit Jahren zerstört. Und trotzdem gehen alle elf ihren Berufen oder ihrer Hausarbeit nach, und alle fühlen sich wohl dabei. Von ihren normalen Mitmenschen unterscheiden sie sich nur durch einen Verband am linken Unterarm, den sie sorgsam pflegen. Dieser Verband schützt ein kleines U-förmiges Plastikröhrchen, dessen eines Ende in einer Vene und dessen anderes in einer Arterie chirurgisch fixiert ist.

An zwei Abenden in jeder Woche verabschieden sie sich von ihren Angehörigen, um sich auf eine Spezialstation des Swedish Hospital in Seattle zu begeben. Dort wird das Plastikröhrchen an eine «künstliche Niere» angeschlossen, und diese Maschine entfernt während der Nacht die giftigen Stoffwechselprodukte, die sich in ihrem Blut angesammelt haben. Am nächsten Morgen wird das Röhrchen mit einem neuen Verband verschlossen, und dann sind diese Menschen für drei bis vier Tage wieder in der Lage, «aus eigener Kraft» zu leben. Es ist ein geborgtes Leben. Jeder von ihnen weiß, daß er sterben muß, wenn er – aus was für Gründen auch immer – die sein Leben erhaltende Maschine nicht pünktlich aufsucht, zweimal in jeder Woche, für den Rest seines Lebens.

Obwohl es sich hier um eine medizinische Sensation handelt – einige dieser Patienten haben ihren «klinischen Tod» bereits zwei Jahre bei vollem Wohlbefinden überlebt! –, wurde das ganze Projekt mit solcher Sorgfalt geheimgehalten, daß erst jetzt die ersten Einzelheiten an die Öffentlichkeit gelangten. Der Grund für diese Geheimhaltung ist die Erkenntnis, daß die aufsehenerregende Leistung der Spezialisten des Swedish Hospital nicht nur zu einem Triumph der modernen Medizin, sondern gleichzeitig auch zu einer Situation geführt hat, die ein im Grunde unlösbares menschliches Problem aufwirft: Auf jeden der klinisch Geretteten, wenn auch für alle Zukunft von der Maschine Abhängigen, kommen nämlich fünf andere Patienten, die das scharfe medizinische Ausleseverfahren ebenfalls als «geeignete Fälle» passiert haben, denen der Zugang zu der lebensrettenden Maschine aber trotzdem verwehrt werden muß, weil der ungeheuere Aufwand der Methode es unmöglich macht, sie in *allen* Fällen einzusetzen.

Es ist also eine Auswahl unter den Kandidaten notwendig, die für deren Mehrzahl gleichbedeutend ist mit dem Urteil zu einem sicheren und qualvollen Tod. Die ärztliche Leitung des Seattle-Projekts behalf sich in dieser Zwangslage durch die Berufung eines aus Laien gebildeten Komitees, das seine Entscheidungen anonym und in eigener Verantwortung trifft, und zwar auf Grund der sozialen Angaben über die verschiedenen, dem Komitee gegenüber ebenfalls anonym bleibenden Patienten.

Der Fortschritt von Wissenschaft und Technik führt nicht nur zu Triumphen. Die Mitglieder des Komitees in Seattle hat er vor eine Aufgabe gestellt, von der jeder Beteiligte weiß, daß sie grundsätzlich unlösbar ist. Alle wissen aber auch, daß eine Entscheidung unumgänglich ist. Sie haben ihre Wahl bisher elfmal getroffen, aber wie es in der amerikanischen Veröffentlichung heißt: «They do not much like the job.»

Die Realität ist unvorstellbar

Die sich seit 2 oder 3 Milliarden Jahren auf der Oberfläche unseres Planten abspielende Evolution, als deren vorläufiges Zwischenergebnis wir uns in den beiden letzten Generationen zu erkennen begonnen haben, verläuft mit einer uns unvorstellbaren Langsamkeit. Daß auch dieses Tempo wie jede Geschwindigkeit in Wirklichkeit selbstverständlich nur relativ zu verstehen ist, daß, mit anderen Worten, von der Langsamkeit der Evolution nur aus dem Blickwinkel eines reflektierenden Bewußtseins gesprochen werden kann, dessen Lebensspanne nur wenige Jahrzehnte umfaßt, ändert nichts am subjektiven Eindruck. Daraus resultiert eine ganze Reihe psychologischer Konsequenzen.

Eine der wichtigsten dürfte sich hinter dem häufig geäußerten Argument verbergen, die Evolutionslehre, welche die Entstehung der Arten durch das Zusammenspiel von Mutation und Selektion erklärt, könne schon deshalb nicht stimmen, weil die von der Erdgeschichte zur Verfügung gestellte Zeit einfach nicht ausreiche, um die heute existierenden komplizierten Lebensformen durch einen blind und ungerichtet ablaufenden Prozeß hervorzubringen.

In diesem Einwand summiert sich der subjektive Eindruck von der «unvorstellbaren Langsamkeit» evolutiver Abläufe mit den Folgen unserer Unfähigkeit, sich Zeiträume vorstellen zu können, welche unsere eigene Lebenserwartung wesentlich übersteigen. Jenseits der gewohnten Größenordnungen beginnt unser zeitliches Vorstellungsvermögen sehr bald «exponentiell» zu versagen, wie ein Mathematiker es vielleicht nennen würde: Je größer die Zeitspannen werden, um so drastischer unterschätzen wir sie.

Die Spanne der Zeit, die zur Verfügung stand, um durch die Auswahl minimaler Vorteile aus dem großen Angebot laufend sich ereignender zufälliger und ungezielter kleiner Erbänderungen immer neue Arten und ständig «verbesserte» Lebewesen entstehen zu lassen, ist aber nicht nur weitaus größer gewesen, als wir es in unserer Vorstellung je werden ermessen können, sie ist auch weitaus zweckmäßiger genutzt worden als die Kritiker voraussetzen zu können glauben.

Entstehung von Lebewesen als Ergebnis einer Kette von Zufallsmutationen – das heißt ja nicht, wie manche zu glauben scheinen, daß die Natur etwa darauf angewiesen wäre, einige Millionen Gene oder mehr so lange zu «schütteln», bis sie sich schließlich zufällig just zu dem höchst speziellen Muster anordneten, das dem Erbsatz eines Menschen entspricht (oder dem eines Elefanten oder dem einer Mücke). Ordnung kommt in das Lotteriespiel selbstverständlich schon deshalb von Anfang an hinein, weil die Auswahl aus dem reichen Angebot der Mutationen ja durch die Umwelt erfolgt. Diese aber ist stets durch eine ganz bestimmte Kombination von Faktoren charakterisiert, an welche biologisch angepaßt zu sein einer Mutation ja überhaupt erst die Eigenschaft «vorteilhaft» geben kann. Die durch diese immer vorhandene und reich differenzierte Struktur der Umwelt vorgegebene Ordnung geht in das System also vom ersten Schritt an mit ein.

Ein weiterer Einwand bezieht sich darauf, daß man

kaum annehmen könne, alle geordneten Formen, Strukturen und Funktionen seien in dem «Zufallsangebot» des Mutationspools einmal aufgetaucht (denn erst dann, wenn das geschehen war, konnten sie von der Selektion ja «herausgesucht» werden). Es ist zuzugeben, daß auch das unvorstellbar erscheint. Daß es trotzdem so gewesen ist, zeigt auf drastische Weise eine Entdeckung aus jüngster Zeit:

Paläontologen entdeckten in alten Sedimenten Fossilien blattähnlicher Insekten. Zunächst schien es sich um einen Fall paläozooischer Mimikry zu handeln. Die genaue Zeitbestimmung ergab jedoch, daß die Tiere aus einer Epoche stammten, in der es überhaupt noch keine Blätter tragenden Laubbäume gegeben hatte.

Der unwirtliche Planet

Nächst der angesichts des Gegenstandes als hoffnungslos zu bezeichnenden Unzulänglichkeit unseres intellektuellen Vermögens hindert nichts unsere Bemühungen, die Natur zu verstehen, so sehr wie der Umstand, daß uns die Tendenz angeboren ist, alles, was wir erfahren, als auf uns selbst bezogen zu erleben. Diese Tendenz ist nicht etwa eine Eigenschaft nur des Menschen, wie jeder bestätigen wird, der einmal einen Hund ängstlich unter den Tisch kriechen sah, weil im Nebenraum ein lautes Gespräch geführt wurde. Diese Egozentrizität ist uns wie allen anderen Lebewesen im Verlaufe einer Evolution angezüchtet worden, bei der es auf das Überleben ankam, und nicht auf objektive Erkenntnis.

Da sie zu unserem instinktiven Erbe gehört, ist diese Ichbezogenheit eine der Voraussetzungen unseres Erlebens. Nur indirekt können wir uns von ihr frei machen, indem wir ihren Einfluß Schritt für Schritt, für jede einzelne Erfahrung von neuem, nachweisen.

Es wird meist übersehen, daß das die eigentliche Rolle der Naturwissenschaft ist, daß ihre wahre Bedeutung für uns erst unter diesem Aspekt sichtbar wird. Sie ist der Weg, auf dem wir versuchen, uns in einem mühsamen empirischen Prozeß immer weiter aus unserer subjektiven Einstellung dem Kosmos gegenüber zu lösen, um ein objektives Bild der Welt zu gewinnen. Erst die dabei erworbene Einstellung, die uns etwa auf den Gedanken kommen läßt, die chemische Zusammensetzung eines Kometen mit einer Raumsonde zu untersuchen, macht uns endgültig unabhängig von der instinktiven

Reaktion, die uns dazu verleitet, den gleichen Himmelskörper als bezogen auf unser persönliches Schicksal mißzuverstehen, nämlich als Vorzeichen von Krieg und Pestilenz.

Ein besonders interessantes Beispiel bildet eine Entdeckung des letzten Jahres, die so gut wie unbeachtet geblieben ist: Schon vor der Entstehung eines Pflanzenkleides muß die Uratmosphäre der Erde geringe Spuren Sauerstoff enthalten haben, der durch die zunächst ungehindert einfallende ultraviolette Strahlung der Sonne an der Oberfläche der Meere abgespalten wurde. Zusammen mit dem Sauerstoff entstanden aber auch geringe Mengen von Ozon, und Ozon filtert ultraviolettes Licht ab. Es läßt sich nun berechnen, daß sich durch diesen selbstregulatorischen Prozeß ein Gleichgewichtszustand einpendelte, der einen Sauerstoffgehalt von ziemlich genau 0,1 % des heutigen Wertes zur Folge hatte.

Das aber ist eine höchst bemerkenswerte, eine in gewissem Sinne sogar einzigartige Zahl. Denn der einem solchen Sauerstoffgehalt entsprechende Ozon- und Wasserstoffanteil der Atmosphäre bildete einen UV-Filter, der gegen die chemisch aufspaltende Strahlung in erster Linie in dem relativ schmalen Frequenzband zwischen 2600 und 2800 Angström abschirmt. Das ist aber genau der Bereich, innerhalb dessen Proteine und Ribonukleinsäuremoleküle UV-Strahlung gegenüber am empfindlichsten sind!

Im ersten Augenblick hat es folglich den Anschein, als ob hier durch eine wahrhaft beispiellose Kette einmaliger Zufälle genau das höchst spezifische physikalisch-chemische Milieu erzeugt worden wäre, das allein die Entstehung der beiden wichtigsten Bausteine alles Lebens auf der Erde ermöglichen konnte. Aber ehe wir nun verblüfft an dem Geheimnis dieser seltsamen Fügung herumrätseln, sollten wir uns auch hier der eingangs zitierten Tendenz erinnern, die uns stets dazu verführen will, die Welt so zu sehen, als kulminierten alle ihre Entwicklungen in uns. Wenn wir die durch diese anthropozentrische Zwangsvorstellung bewirkte perspektivische Verzerrung aus dem Bilde eliminieren, erkennen wir, daß wir auch hier schon wieder in Gefahr waren, den Anlaß für unser Staunen an einer falschen Stelle zu suchen. Die Zusammenhänge sind in Wirklichkeit ohne Frage genau umgekehrt zu sehen. Die Entdekkung über die Zusammensetzung der irdischen Uratmosphäre läßt nur eine einzige Deutung zu:

Ganz offensichtlich ist die Erde nicht etwa deshalb mit Leben erfüllt, weil ausgerechnet sie – oder womöglich gar allein sie – zufällig gerade die außerordentlich engen und höchst spezifischen Bedingungen erfüllte, die allein die Entstehung von Leben ermöglichten, sondern deshalb, weil die Hervorbringung von Leben eine so universale Potenz der Natur darstellt, daß sie das Leben auch unter extremen Bedingungen verwirklichen kann, selbst unter den so spezifischen und ausgefallenen Bedingungen, wie sie auf der Oberfläche unseres Planeten herrschen.

Am Gashebel der Evolution

Eine Art kann nur überleben, wenn sie die Fähigkeit besitzt, sich einem Wechsel ihrer Umwelt anzupassen. Das ist, unter anderem, einer der Gründe dafür, daß wir nicht unsterblich sind. Die Begrenzung der Lebensspanne führt nämlich zur zeitlichen Aufeinanderfolge verschiedener Generationen. Das aber ist die Voraussetzung zum Auftreten immer neuer mutativer Varianten und damit von Veränderung überhaupt. Eine Art, die aus unsterblichen Individuen bestünde, wäre genetisch unwandelbar und daher, so paradox es klingt, zum alsbaldigen Aussterben verurteilt.

Entscheidend ist die Relation zwischen der Lebensspanne des Individuums und dem Tempo, in dem seine Umwelt sich verändert. Wenn die genetische Anpassungsfähigkeit erhalten bleiben soll, muß diese Lebensspanne im Verhältnis zur Stabilität der Umwelt möglichst klein sein. Die 70 oder, «wenn es hoch kommt», 80 Jahre, welche die Lebensspanne des Menschen ausmachen, bildeten vor dem Hintergrund der Zeiträume, innerhalb derer sich die Umwelt unseres Geschlechtes im Laufe unserer biologischen Geschichte veränderte, bis vor kurzem denn auch nur eine vergleichsweise winzige Spanne. Das hat sich entscheidend geändert, seit die menschliche Umwelt durch den Menschen selbst manipuliert wird. Dieser zivilisatorische Prozeß, der in den letzten Jahrzehnten ein geradezu explosives Tempo angenommen hat, hat die Beziehung zwischen der individuellen Lebensdauer und der Stabilität der Umwelt im Hinblick auf unsere eigene Spezies endgültig zerstört.

Das Resultat ist bekannt. Es besteht in einer rasch zunehmenden Diskrepanz zwischen unserer erblichen Veranlagung und den Anforderungen der von uns selbst geschaffenen Zivilisation. Mit einem archaischen Instinktrepertoire müssen wir uns heute in Konflikten bewähren, für die es in unserer bisherigen Geschichte kein Vorbild gibt.

Die Situation hätte längst zur Katastrophe geführt, wenn der biologische Prozeß der Evolution beim Menschen nicht durch eine geistige Entwicklung ergänzt worden wäre. Die Spannung zwischen unserem instinktiven Erbe und der relativ jungen Fähigkeit zur kritischen Selbstbesinnung bildet bekanntlich auch die eigentliche Triebfeder aller Kultur («Du sollst nicht begehren . . .»). All das ist uns so geläufig, daß wir kaum je noch daran denken, daß dieser Grundzug der menschlichen Natur die Folge einer Diskrepanz zwischen dem Tempo unserer historisch-sozialen und dem unserer biologisch-evolutionären Entwicklung ist.

So bewundernswert das sein mag, so ist es doch auch nicht ungefährlich. Denn es bedeutet ja auch dies: Unseren aggressiven Instinkten, deren Auslösungsschwellen noch immer an die für Jahrhunderttausende geltenden Formen der Auseinandersetzung mit der Steinaxt angepaßt sind, stehen heute Vernichtungsmethoden zur Verfügung, welche im Prinzip die Auslöschung einer ganzen Stadt als Konsequenz eines affektiven Impulses ermöglichen, der nicht ausreichen würde, um einem Kind eine Ohrfeige zu geben.

Beliebig lange wird die sich in diesem Mißverhältnis dokumentierende Labilität unserer Lage nicht andauern können. Vermutungen darüber, wie sich verhindern lassen könnte, daß sie zur Katastrophe führt, fallen nicht mehr in die Kompetenz des Naturwissenschaftlers. Aber auf eine Möglichkeit einer zukünftigen Auflösung des Dilemmas sei noch hingewiesen, auf einen Gedanken, der nicht mehr ist als eine Spekulation, eine Spekulation überdies, die in gefährlicher Weise mißverstanden werden könnte:

Vielleicht wird sich nachträglich erweisen, daß die Gefahr verschwand, weil die adaptive Anpassung unserer aggressiven Impulse rascher erfolgte, als für möglich gehalten wurde. Denn das Tempo dieser Anpassung ist abhängig von der «spontanen» Mutationsrate. Diese aber wird beeinflußt von der Radioaktivität der Umgebung.

Ist es vielleicht die Gefahr selbst, die zur Auflösung des Dilemmas führen wird?

Wär nicht das Auge sonnenhaft

Eines der eigenartigsten Resultate der Apollo-Mondflüge ist als Problem bisher noch gar nicht erkannt worden. Es verbirgt sich hinter der bemerkenswerten Tatsache, daß wir immer noch nicht wissen, welche Farbe die Mondoberfläche eigentlich genau hat, obwohl sie inzwischen nicht nur unzählige Male von automatischen Kameras fotografiert, sondern wiederholt auch von Menschen unmittelbar in Augenschein genommen worden ist. Auf den Fotos sieht sie einmal blaugrau, dann wieder mehr grünlich, ein anderes Mal eher sandfarben aus. Und auch die Beschreibungen der Astronauten lassen in diesem Punkt die sonst so imponierende Präzision bezeichnenderweise vermissen: Auch angesichts ihrer Schilderungen hat man die Wahl unter nahezu beliebig vielen Farbnuancen zwischen weißlich-grau und einem grünlichen Blau.

Das kommt, wie einem versichert wird, einfach daher, daß die Sonne die atmosphärelose Mondoberfläche so unirdisch erbarmungslos bestrahlt, daß die Empfindlichkeit der Filme entsprechend gedrosselt und das menschliche Auge durch geeignete Filter geschützt werden muß. Beide Maßnahmen aber wirken sich, je nach der verwendeten Methode oder dem Grade der Empfindlichkeitsminderung auf unterschiedliche Weise, auch auf die Farbwahrnehmung aus. Daß der Mond dennoch objektiv eine ganz bestimmte «wirkliche» Farbe haben müsse, daran zu zweifeln ist bisher noch niemandem eingefallen.

Wie aber soll man diese «wirkliche» Farbe dann eigentlich ermitteln oder definieren, welcher Film wäre der «richtige», welches Filter gäbe sie dem Auge, das den ungeschützten Anblick nicht erträgt, unverfälscht wieder? Daß die Angelegenheit hintergründiger ist, als es zunächst den Anschein hat, geht einem auf, sobald man sich darüber klar wird, daß sich die Frage nach der «wirklichen» Farbe des Mondes selbst angesichts der heute in irdischen Laboratorien zur Verfügung stehenden Mondproben nicht eindeutig beantworten läßt. Diese nämlich sehen wir hier auf der Erde ja im Lichte einer durch unsere Atmosphäre gefilterten Sonne, unter Verhältnissen also, die für sie ebenso künstlich sind wie für einen Astronauten auf dem Mond der Blick durch sein Sonnenfilter.

Das Problem liegt viel tiefer. Wer lange genug auf einen roten Farbfleck und dann anschließend auf eine weiße Wand blickt, hat es buchstäblich vor Augen. Er sieht dann vorübergehend ein – in diesem Falle grünes – «Nachbild». Das ist deshalb so, weil «Weiß» nicht nur physikalisch, sondern auch für unsere Augen eine Mischfarbe aus allen Anteilen des Sonnenspektrums ist. Wenn man die Empfindung für einen bestimmten Teil dieser Farben «erschöpft», überwiegt daher anschließend beim Blick auf eine weiße Fläche vorübergehend der Eindruck der übrigen («komplementären») Farbkomponenten.

Mit diesem einfachen Versuch kann sich jeder selbst vor Augen führen, daß es «Weiß» in Wirklichkeit nicht gibt.

Weiß gibt es nur in unserer Wahrnehmung, und zwar deshalb, weil unsere Augen sich im Verlaufe ihrer nach

Hunderten von Jahrmillionen zählenden Entwicklung gleichsam dafür entschieden haben, die vom Licht der Sonne unter den Bedingungen der Atmosphäre auf der Erdoberfläche erzeugte durchschnittliche Beleuchtung als «farblich neutral» zu interpretieren.

Das Ganze läuft gewissermaßen auf die Festlegung eines Null-Punktes hinaus. Willkürlich gewählt ist dieser insofern nicht, als es in jeder Hinsicht sehr zweckmäßig ist, wenn nur die von der durchschnittlichen Beleuchtung abweichenden Frequenz-Mischungen als Farben unterschieden werden.

Das alles gilt selbstverständlich aber nur unter den Bedingungen, unter denen dieses Wahrnehmungssystem sich entwickelt hat. Schon auf dem Mond, im Lichte immer noch der gleichen Sonne, aber ohne den Filter der Atmosphäre, stimmt der Nullpunkt des Systems nicht mehr genau. Damit aber fehlt eine verbindliche und eindeutige Grundlage für die Festlegung aller übrigen Werte der ganzen Farbskala. Wir werden daher niemals eindeutig angeben können, welche Farbe der Mond «wirklich» hat.

Wenn man den Gedanken weiterverfolgt, dann liegt die Einsicht nicht fern, daß dieser nur relative Charakter des aus Gewohnheit scheinbar Objektiven nicht etwa nur für außerirdische Wirklichkeiten gilt. Anders ausgedrückt: Wir wissen nicht einmal, wie wir selbst «in Wirklichkeit» aussehen. Das einzige, was wir kennen, ist unser Aussehen im Lichte eines Fixsterns vom Spektraltyp G 2 V, dessen Helligkeitsmaximum im gelben Bereich des Spektrums liegt, und dessen Strahlung uns aus 150 Millionen Kilometern Entfernung beleuchtet.

Wunder sind natürlich

1872 hielt der Berliner Physiologe Emil Du Bois-Reymond vor einer Versammlung deutscher Naturforscher und Ärzte in Leipzig einen Vortrag mit dem Titel: «Über die Grenzen des Naturerkennens». Dieser Vortrag endete mit einem Wort, das seitdem in der Geschichte der Naturwissenschaften zum geflügelten Wort wurde und das dem Redner vor 100 Jahren weite Popularität und einen Applaus einbrachte, den er selbst für übertrieben und nicht recht erklärlich hielt.

Du Bois-Reymond war einer der führenden Repräsentanten der sogenannten physikalischen Richtung in der Physiologie, jener Richtung, die sich das Ziel gesetzt hatte, alle Lebensvorgänge durch physikalische und chemische Gesetze zu erklären. In seinem Leipziger Vortrag hob Du Bois-Reymond aber zwei Naturphänomene heraus, die er für Ausnahmen hielt: Was Materie sei und worauf das menschliche Bewußtsein beruhe, das werde sich, so erklärte der Redner, niemals wissenschaftlich erklären lassen. Und dann folgte das Wort, das seitdem wieder und wieder zitiert worden ist: «Ignorabimus» – wir werden es niemals wissen.

Wie ist es zu verstehen, daß diese mit einem gewissen Pathos vorgetragene Verzichtserklärung eines führenden Naturwissenschaftlers damals eine geradezu enthusiastische Zustimmung auslöste? Der bissige Ernst Haeckel, Verfasser der berühmten «Welträthsel», formulierte es so: «Alle Spiritisten und alle gläubigen Gemüther wähnten durch die Ignorabimus-Rede die Unsterblichkeit ihrer theuren Seele für gerettet.» So gehässig das formuliert war, es enthielt einen wahren Kern.

Glauben nicht etwa heute noch, 100 Jahre später, die meisten Menschen, daß sie sich zwischen zwei Möglichkeiten der Weltdeutung entscheiden müssen, die einander unerbittlich ausschließen? Die erste Möglichkeit: Die Welt ist in toto rational auflösbar. Die andere: Zwar erweisen sich immer neue Bereiche des Kosmos einer wissenschaftlichen Untersuchung zugänglich. Trotzdem gibt es bestimmte Bereiche und Phänomene in der Natur, die der Begreifbarkeit grundsätzlich entzogen sind. Die meisten von uns sind nun fest davon überzeugt, daß jegliche über eine rein materielle Beschreibung der Welt hinausgehende Aussage, sei sie religiösen Charakters oder betreffe sie die Frage nach einem Sinn des ganzen Geschehens, einzig und allein im zweiten Fall legitim sein könne.

Umgekehrt: Eine wissenschaftlich oder rational begreifbare Welt muß, so lautet das heute herrschende Vorurteil, eine Welt ohne Sinn sein, ein nur als Zufall existierender und funktionierender Automat.

Hierdurch erst bekommt die Alternative ihre emotionale Schärfe. Von hier aus erst ist auch die Begeisterung zu verstehen, mit der das «Ignorabimus» des Du Bois-Reymond vor 100 Jahren begrüßt wurde. Wie tief das Vorurteil sitzt, verrät unsere Sprache, in der sich die Polarität der beiden Möglichkeiten in dem seltsamen Gegensatz widerspiegelt, den der alltägliche Wortgebrauch zwischen «wunderbar» und «natürlich» macht.

Der Widerwille gegen die Möglichkeit, daß es in der Welt «nur natürlich» zugehen könnte (mit allen sich daraus für das eigene Lebensgefühl ergebenden Konsequenzen), ist auch eines der tiefsten Motive für die auf Schritt und Tritt zu konstatierende Voreingenommenheit gegenüber allen naturwissenschaftlichen Aussagen über die Welt und uns selbst.

An diesem Vorurteil sind die Naturwissenschaftler selbst keineswegs unschuldig. Ernst Haeckel etwa erklärte in seinen «Welträthseln», daß die Zahl der Geheimnisse, welche die Natur dem Menschen aufgebe, um so mehr abnehme, je weiter die Wissenschaft sich entwickle, eine Ansicht, die von den meisten seiner Fachkollegen geteilt wurde.

Wir wissen heute längst, daß das ein Irrtum war. Je tiefer unsere Wissenschaft in die Natur eindringt, um so größer wird die Zahl der Fragen, auf die sie stößt. Je zahlreicher die Möglichkeiten werden, natürliche Prozesse zu manipulieren, um so deutlicher wird gleichzeitig, daß sich die Natur schon dicht hinter ihrer sichtbaren Oberfläche unserer Anschauung zu entziehen beginnt, im subatomaren Bereich ebenso wie unter kosmologischen Aspekten.

Auch dann also, wenn wir der Ansicht sind, daß es in der Natur nicht «übernatürlich» zugehen könne, sind der Weltdeutung des einzelnen damit keinerlei Fesseln angelegt. Und auch dann, wenn es den Bemühungen der Wissenschaftler wieder einmal gelingt, ein bis dahin ungelöstes Problem aufzulösen, etwas, das bis zu diesem Augenblick ein Geheimnis war, auf natürliche Zusammenhänge einsichtig zurückzuführen, besteht kein Grund zur Enttäuschung. Denn: Zwar geht in der Welt alles mit natürlichen Dingen zu. Nichtsdestotrotz aber ist das Ergebnis wunderbar.

Nichts kommt von ungefähr

Soweit wir wissen, stammt alles irdische Leben aus dem Wasser. Das ist nicht verwunderlich, denn hier bot sich das bequemste biologische Milieu, das auf unserem Planeten zu finden ist: Ein Meeresbewohner spürt sein Gewicht nicht, er schwebt im Wasser. Wer auf dem Land lebt, verbraucht dagegen rund ein Drittel seiner Stoffwechselenergie allein dazu, den eigenen Körper zu tragen.

Erst der Auszug auf das Land ließ die Gefahr auftauchen, daß das als Lösungsmittel für alle Stoffwechselprozesse unentbehrliche und daher lebensnotwendige Wasser knapp werden könnte. Daher mußten Nieren entwickelt werden, deren Konzentrationsleistung ausreichte, die Menge der zur Ausscheidung benötigten Flüssigkeit zu reduzieren, und außerdem eine Haut, welche die Verdunstungsverluste hintenhielt.

Das Prinzip der «Weiterverarbeitung von Abbauprodukten» wurde erfunden: Während bei Meeresbewohnern der Abbau des Nahrungseiweißes in der Regel beim Ammoniak endet (das laufend mit den beliebig zur Verfügung stehenden Flüssigkeitsmengen ausgeschieden werden kann), mußten die landbewohnenden Lebewesen zusätzliche Enzyme ausbilden, welche diesen Abbau bis zu dem relativ ungiftigen Harnstoff weiterführten, der sich ohne Gefahr höher konzentrieren und daher mit kleineren Flüssigkeitsmengen ausscheiden läßt.

Es war wohl der rätselhafteste Schritt, den die Evolution bisher getan hat, als sie den durch diese Hinweise noch immer höchst unvollständig angedeuteten Aufwand trieb, einzig und allein zu dem Zweck, um Lebewesen zu befähigen, das bergende, alles Leben tragende Wasser mit einer Umwelt zu vertauschen, die nichts als Nachteile und Risiken zu bieten schien.

Ein hypothetischer Beobachter, der die sich über Jahrmillionen hinziehenden und zweifellos äußerst verlustreichen Anstrengungen mit angesehen hätte, die das irdische Leben vor etwa einer halben Milliarde Jahren unternahm, nur um auf dem Festland Fuß zu fassen, hätte sicher verständnislos den Kopf geschüttelt. Es gab weit und breit keinen erkennbaren Sinn oder Zweck, mit dem sich das aberwitzige Experiment noch so notdürftig hätte rechtfertigen lassen. Daß das Ganze, undenkbare Zeiten später, nicht nur in der Eroberung des Festlands, sondern in Konsequenz der damit angestoßenen Entwicklung in der Erschließung einer neuen Welt sozialer und kultureller Zusammenhänge kulminieren würde, war schlechterdings nicht vorauszusehen.

Es berührt eigenartig, wenn einem aufgeht, daß das komplizierteste Organ, das im Verlaufe dieser Entwicklung entstanden ist, nämlich unser Gehirn, heute angesichts der Aufgaben der Astronautik auf technische Lösungen verfällt, die dem Evolutionsforscher seltsam bekannt vorkommen müssen: Die Weiterverarbeitung von Abfallprodukten, die Mitnahme des benötigten Mediums (in unserem Falle die Mitnahme von atembarer Luft), die Entwicklung von Luftschleusen und Raumanzügen, von künstlichen «Häuten» also, die das Entweichen des im Weltraum unersetzlichen Sauerstoffs verhüten sollen, sind nur einige von zahlreichen

Beispielen für die hier festzustellenden und mitunter bis in die Details gehenden Parallelen zwischen den evolutionären und den technischen Lösungsversuchen angesichts analoger Probleme. Die Regelsysteme zur Temperaturkontrolle bei den bisherigen Raumsonden und die grundsätzlich gleichartigen Prinzipien der biologischen Regelung, die der Erhaltung der Temperaturkonstanz beim Warmblüter dienen, wären ein weiteres eindrucksvolles Beispiel.

Ganz offensichtlich folgt unser Gehirn auch heute noch den Gesetzen, unter deren Einfluß es selbst entstanden ist. Das ist eine Feststellung, die uns nachdrücklich an einen Umstand erinnern kann, den wir alle allzuleicht vergessen und allzuoft übersehen: an die Tatsache, daß wir, nicht nur körperlich, sondern auch bei allen unseren noch so willkürlich scheinenden Planungen, stets ein Teil der Natur bleiben, die uns hervorgebracht hat.

Globale Affekte

Ein Quizmaster, der während einer Fernseh-Show einen guten, einen wirklich ansteckenden Witz erzählt, löst damit eine Reaktion aus, die bei genauerer Betrachtung beinahe ein wenig unheimlich ist. Man braucht die längst gewohnte Situation nur einmal aus einem ungewohnten Blickwinkel anzuvisieren.

In eben der Sekunde, in welcher der Mann auf seine Pointe zusteuert, heben in ganz Deutschland, und womöglich auch noch in Österreich und der Schweiz, Millionen von Menschen gespannt die Augenbrauen – alle im gleichen Augenblick! Wie elektronisch ferngesteuerte Marionetten halten sie für exakt die gleiche Zeitspanne erwartungsvoll den Atem an. Und wenn die Pointe dann kommt – bei einem guten Conférencier kommt sie wie ein Pistolenschuß –, dann löst sie die Explosion des befreienden Gelächters gleich millionenfach aus, und das ist in dem Raum zwischen Hamburg, Wien, Zürich und Köln präzise im gleichen Augenblick. Fast ist man versucht zu glauben, es müßte zu hören sein.

Mitunter ist das sogar möglich. Wer an einem warmen Tag, an dem alle Fenster offenstehen, während der Übertragung eines größeren Fußballspiels durch die Straßen wandert, der erfährt die perfekte Synchronisation der Emotionen seiner Mitbürger eindrucksvoll als akustisches Erlebnis. Grundsätzlich aber gilt, daß niemand von uns heute mehr ausgenommen ist. Wir alle haben teil an der modernen, weltweiten Nachrichtenübermittlung. Uns alle befallen angesichts der in der Tagesschau gemeldeten politischen Krise zur gleichen

Zeit ähnliche Gefühle, und wir alle werden mit den gleichen Bildern der Katastrophe konfrontiert, die sich in einem fernen Erdteil zugetragen hat. Die von der elektronischen Verteilung der Informationen bewirkte Uniformität schafft heute erstmals in der Geschichte der menschlichen Gesellschaft unvorstellbare große Kollektive affektiven Gleichklangs.

Für die dadurch entstehende Situation gibt es eine naheliegende Analogie: Die Nervenübertragung in einem vielzelligen Organismus. Eine Spannung von einigen Tausendstel Volt ist nicht viel. Ein nennenswertes Resultat läßt sich mit einer so minimalen Potentialdifferenz nicht herbeiführen. Wenn aber einige Millionen einzelner Nervenzellen diese Spannung im richtigen Augenblick exakt synchronisiert abgeben, dann kann der aus dieser Abstimmung resultierende Impuls einen Muskel aktivieren, der stark genug ist, um einen zentnerschweren Körper in Bewegung zu setzen.

Der Zorn eines einzelnen Schülers ist nicht viel. Der Junge mag noch so wütend sein, sein Affekt wird kein bemerkenswertes Resultat herbeiführen. Wenn aber einige Millionen Schüler in aller Welt wütend sind, und wenn sie voneinander wissen und sich durch die Gemeinsamkeit ihrer Emotionen bestätigt fühlen, dann kann aus dieser globalen Abstimmung jenes Phänomen resultieren, das man heute die «Revolution der jungen Generation» zu nennen sich angewöhnt hat. Kein Zweifel, die erstaunliche Tatsache, daß diese Bewegung heute die Jugendlichen in der ganzen Welt erfaßt hat, quer über alle kulturellen und politischen Grenzen hinweg, ist vielfach durch die synchronisierende, abstimmende

Funktion der modernen Nachrichtentechnik zu erklären.

Was im ersten Augenblick lediglich als emotionale Kollektivierung, wenn nicht gar Nivellierung erscheint, ist also ein Effekt, der immerhin auch unter dem Aspekt einer Integration zunehmend großer Menschengruppen gesehen werden muß. So wie unser Nervensystem die unzähligen Zellen, aus denen unser Körper besteht, zu einem einheitlich funktionierenden Organismus integriert, so beginnen heute die elektronischen Nachrichtenkanäle unserer Zivilisation immer mehr Menschen zu gemeinsam erlebenden Gruppen zusammenzufassen.

Angesichts der ersten heute erkennbar werdenden Symptome dieser Entwicklung wird niemand die Möglichkeit bestreiten wollen, daß sich eine durch technische Nachrichtenmittel total integrierte Menschheit ähnlich monströs verhalten könnte, wie ein à la Frankenstein synthetisch zusammengefügtes Ungeheuer. Trotz aller unbestreitbaren Risiken aber gibt es nicht nur negative Aspekte. Denn fest steht auch, daß die Gesamtheit aller Menschen auf diesem Planeten erst dann wirklich «Menschheit» genannt zu werden verdient, wenn sie einem Organismus vergleichbar nicht nur gemeinsam agiert, sondern auch gemeinsam empfindet.

Dann, wenn alle mitleiden, wenn auch nur einer hungert.

Steckbrief eines stillen Konkurrenten

Als der Mensch vor – höchstens – einigen hunderttausend Jahren auf der irdischen Bühne erschien, hatte sich dort eine andere Gattung von Lebewesen schon seit 400 Millionen Jahren erfolgreich etabliert: Die große Familie der Insekten. Sie ist bis heute die erfolgreichste biologische Spezies geblieben, wenn man die Zahl ihrer Mitglieder und die Vielfalt der Unterarten, die sie entwikkelt hat, als Maßstab zugrunde legt. Es existieren mindestens 800000 verschiedene Insektenarten; die Insekten stellen insgesamt 4/5 aller Tiere, die es auf unserem Globus gibt. Von jeweils fünf Lebewesen auf der Erde ist immer nur eins kein Insekt!

Zwar ist ihre große Mehrzahl für den Menschen harmlos. Andere sind uns sogar nützlich. Immerhin verdanken wir schätzungsweise die Hälfte unserer pflanzlichen Nahrung der bestäubenden Tätigkeit blütensuchender Insekten. Trotzdem aber ist der Schaden, den Insekten dem Menschen zufügen, doch so beträchtlich, daß der amerikanische Entomologe DeLong kürzlich die Frage aufwarf, ob nicht womöglich die Herrschaft des Menschen über die Erde auf lange Sicht nur als vorübergehend angesehen werden müsse.

Insekten fressen oder vernichten ein Drittel aller vom Menschen erzeugten und geernteten Nahrung. Insekten sind die Ursache für die Hälfte aller Krankheiten, Mißbildungen und Todesfälle beim Menschen. Eine einzige von Insekten übertragene Krankheit, die Malaria, befällt noch immer ein Sechstel der gesamten Menschheit und fordert alle 10 Sekunden ein Menschenleben.

In der biologischen Konkurrenz zwischen den beiden erfolgreichsten Lebewesen der Erde, Homo sapiens und Insekt, ist der Trumpf des Menschen die Intelligenz. Ihr gegenüber scheint das Insekt kaum eine Chance zu haben, ist es doch, vergleichsweise, kaum mehr als ein Stückchen programmiertes Protoplasma. Und doch haben die Insekten in den letzten beiden Dezennien mühelos allen Waffen widerstanden, die der Mensch zu ihrer Bekämpfung entwickelte. Sie wurden mit Kontaktgiften angegriffen, denen das einzelne Insekt wehrlos ausgeliefert ist – mit dem einzigen Resultat, daß die nachfolgenden Insektengenerationen sich jeweils als immun erwiesen gegenüber den Giften, die ihre Eltern dezimiert hatten.

Der individuellen Intelligenz des Menschen können diese Spezialisten des Überlebens als Gattung eine Anpassungsfähigkeit entgegensetzen, die ohne Beispiel in der übrigen Natur ist. Insekten leben im Eiswasser der Arktis und in heißen Quellen, in Salzlösungen und in Ölschlamm, manche existieren sogar in den mit Formaldehyd konservierten Präparaten anatomischer Institute. Sie wehren sich nicht, sie passen sich einfach an, und für diese Fähigkeit scheint es bei ihnen keine Grenzen zu geben.

Demgegenüber ist festzustellen, daß die Intelligenz dem Menschen nicht nur Lösungen für viele Probleme seiner biologischen Existenz beschert hat, sondern gleichzeitig immer wieder auch neue Probleme: Die zunehmende Überbevölkerung, die Zunahme geistiger und anderer konstitutioneller Krankheiten, und nicht zuletzt das Problem des vernünftigen Umgangs mit seiner letzten Entdeckung, der Freisetzung der Energie des Atomkerns. Fast scheint es überflüssig zu erwähnen, daß die Insekten natürlich auch radioaktiver Strahlung gegenüber nahezu unempfindlich sind.

Vielleicht brauchen sie einfach nur zu warten?

Angst vor Utopia

Utopia – das war einst jenes verheißungsvolle Land, in welchem die idealen Verhältnisse herrschten, die sich auf der Erde niemals verwirklichen lassen.

Zwar unterschied sich, was als «ideal» zu gelten hatte, von Plato bis zu Thomas Morus nicht unbeträchtlich voneinander, je nach dem Autor, der über das Thema schrieb.

Aber ob die Einwohner Utopiens nun vor allem als vernünftig oder ob sie als besonders tapfer beschrieben wurden, ob sie sich vor allem durch ihre Verstandeskräfte auszeichneten oder durch ihre Sanftmut, in jedem Falle wurden sie dem Leser als leuchtendes Vorbild präsentiert. Ihr Land hatte, wie schon sein Name verriet, nur einen einzigen Mangel: Es lag «nirgendwo».

Es ist eigenartig, wie sehr sich das seit einigen Generationen geändert hat. In der berühmtesten der utopischen Visionen von H. G. Wells herrscht bereits eine ausgesprochen melancholische Grundstimmung. Aldous Huxleys großer utopischer Roman geriet zu einer Satire, in der mit dem Entsetzen Scherze getrieben werden. Und George Orwell schließlich machte aus Utopia ein Land des Grauens. Zugleich wechselte auch der Ort der Handlung: Nicht mehr im «Nirgendwo» gelegen und daher für alle Zeiten unerreichbar, sondern, ganz im Gegenteil, in die eigene Zukunft verlegt und daher zwar noch nicht verwirklicht, aber unabwendbar bevorstehend ist die literarische Utopie heute vollends zum Alptraum geworden.

Das Schicksal des «Nürnberger Trichters», jener liebenswürdig-verspielten Vision unserer Vorfahren, die heute mit einem Male konkretere Formen anzunehmen beginnt, liefert für diesen Wandel eine anschauliche Illustration.

Wenn alle unsere Erfahrung und Erinnerungen tatsächlich, wie die moderne biochemische Gedächtnistheorie beweisen zu können glaubt, in der Gestalt bestimmter Molekülkonfigurationen in den Zellen unseres Gehirns deponiert sind, etwa als spezifische Sequenzen von Aminosäuren, dann muß es prinzipiell möglich sein, sie aus diesen Zellen zu extrahieren und in ein anderes Gehirn zu übertragen.

Wir werden heute dieser und anderer utopischer Möglichkeiten als unserer Zukunft gewahr und bekommen Angst.

Hat etwa der naturwissenschaftlich-technische Fortschritt uns alle in die Lage des Midas gebracht, der bekanntlich daran zugrunde ging, daß ihm seine Wünsche – deren Ergebnis auch er sich zweifellos ganz anders vorgestellt hat – eines Tages erfüllt wurden?

In Wirklichkeit ist das alles nur eine optische Täuschung, die Folge der Betrachtung des Phänomens unter einer einseitigen Perspektive. Unsere Angst hat gar keine mythische Qualität. Nicht dem Midas sind wir durch sie verwandt, sondern jenen von uns so oft und so sehr zu Unrecht belächelten Leuten, die vor 100 Jahren dringend dazu rieten, die Geleise der ersten Eisenbahnstrekke zwischen Nürnberg und Fürth mit hohen Bretterzäunen zu umgeben, da der Anblick des mit so «unnatürlicher» Geschwindigkeit dahinrasenden technischen Monstrums beim arglosen Betrachter andernfalls mit

Sicherheit eine geistige Störung auslösen werde.

Die Angst vor der Zukunft ist noch niemals durch irgendwelche konkreten Entwicklungen ausgelöst worden, sondern immer nur durch die Ablösung des Gewohnten durch das Unbekannte, durch die Veränderung als solche. Das läßt sich sehr leicht beweisen: Schließlich haben sich unsere Großväter vor dem Heraufziehen eben jener Lebensformen gefürchtet, die wieder aufzugeben uns heute angst macht.

Nachbemerkung

Die in diesem Band enthaltenen Essays erschienen ursprünglich in den Jahren 1964–71 in der von Boehringer, Mannheim, für Ärzte herausgegebenen Zeitschrift «Naturwissenschaft und Medizin» und damit praktisch unter Ausschluß der Öffentlichkeit, mit drei Ausnahmen, die in der «Zeit» abgedruckt wurden.

Sie alle stellen den Versuch dar, zu zeigen, daß die Beschäftigung mit naturwissenschaftlichen Problemen und Resultaten nichts anderes ist als eine besondere Form der Suche nach dem Sinn menschlicher Existenz, daß Naturwissenschaft einem auch heute noch verbreiteten Vorurteil zum Trotz nur eine Fortsetzung der Philosophie mit anderen Mitteln ist. Unter diesem Aspekt erscheinen mir die hier erstmals zusammengefaßten Beiträge von unverminderter Aktualität, ungeachtet der Tatsache, daß sie gelegentlich an Begebenheiten anknüpfen, die einige Jahre zurückliegen.

H. D.

792/8

Zum Nachschlagen und Informieren

rororo lexikon

Dudenlexikon Taschenbuchausgabe
Aktualisierte Ausgabe in 6 Bänden. Herausgegeben und bearbeitet von der Lexikonredaktion des Bibliographischen Instituts. Rund 75 000 Stichwörter, 2310 Seiten, 4000 Fotos und Zeichnungen im Text, über 1300 bunte Bilder und Karten. [6171-6176]

rororo Pflanzenlexikon

in 5 Bänden. Systematische Enzyklopädie des gesamten Pflanzenreichs. Mit 1600 Fotos und Zeichnungen, davon 230 farbige auf Kunstdrucktafeln, und einem Gesamtregister von 14 000 Stichwortbelegen. [6100-6112]

rororo Tierlexikon

in 5 Bänden. Von Hans-Wilhelm Smolik. Ausführliche Beschreibung von über 3600 Tierarten, über 1400 Seiten mit 1500 ein- und mehrfarbigen Bildern im Text und auf 112 Kunstdrucktafeln. [6059-6071]

Lexikon der medizinischen Fachsprache

in 2 Bänden. Herausgegeben von Dr. Dagobert Tutsch, Redaktionsmitglied des REALLEXIKONS DER MEDIZIN – Urban & Schwarzenberg. 15 000 Namen, Begriffe und Methoden aus allen Bereichen der Medizin präzise und allgemeinverständlich erklärt. Mit 188 Abbildungen. [6126 u. 6129]

rororo Lexikon der Naturheilkunde

Von Dr. E. Meyer-Camberg. Über 2000 Stichwörter, mit 300 Zeichnungen im Text, 79 einfarbigen und 20 mehrfarbigen Tafelabb. [6045]

D. G. Mackean

Einführung in die Biologie. Band I und II. Mit 471 Abb. [6118 u. 6122]

793/2

Fernsehsendungen, in den letz
reihe «Querschnitt», machten
ler moderner Naturwissensch
erneut seine Begabung, unte
zuregen. Die aphoristischen E
wissenschaftlicher Themen bie
Sie werfen Probleme auf und
senschaftliche Tatbestände in
menhang einzuordnen. Vertra
gen, oft längst zu Selbstverständlichkeiten geworden, gewinnen hier eine neue Dimension. Ausgehend von konkreten Anlässen werden Überlegungen formuliert, die als Elemente eines modernen Weltbildes aus naturwissenschaftlicher Sicht gelten können.